U0260049

纪念

改革开放40周年

改革开放40年
科技成就撷英

《改革开放40年科技成就撷英》编写组 编

中国科学技术出版社
·北 京·

前言

    1978年3月18日，邓小平同志在全国科学大会上提出"科学技术是生产力""四个现代化，关键是科学技术的现代化"等著名论断，吹响了中国科技工作者向科学进军的号角。全国科学大会的召开，不仅标志着"科学的春天"降临祖国大地，同时也奏响了改革开放的序曲。同年12月，中国共产党十一届三中全会在京召开，由此开启了中国改革开放的华彩乐章。

    40年砥砺奋进，40年春华秋实。今天，中国已经成为世界第二大经济体、第一大工业国、第一大货物贸易国、第一大外汇储备国，不仅实现了国民生活从短缺走向充裕、从贫困走向小康，更连续多年对世界经济增长贡献率超过30%，成为世界经济增长的稳定器和动力源。改革开放这场中国的第二次革命，不仅深刻改变了中国，也深刻影响了世界！

    改革开放40年来，作为第一生产力的科学技术，其日新月异的进步，无疑成为推动经济社会发展的重要原动力。中国科技工作者秉承"西迁精神"和"两弹一星精神"的光荣传统，心怀大我、赤诚报国，在改革开放和中华民族伟大复兴新征程中，用一项又一项为世人所瞩目的科技创新，驱动着综合国力的崛起；用"许党许国、创新求实、协同共享、挑战极限"的人生追求，丰富着中国科技工作者爱国奋斗精神的时代内涵。

    2018年是改革开放40周年。在这个具有特殊意义的历史节点，本书编写组对改革开放以来我国重大科技成就进行了系统梳理，并通过面向科研团队和重大科学计划重大工程实施单位的广泛征集，获得了大量珍贵图文，经过精心编辑，辑录成《改革开放 40 年科技成就撷英》一书，作为对改革开放 40 周年的纪念。

　　我们深知，无论怎样宏大的篇章和动人的笔触，都无法淋漓尽致地呈现这 40 年科技发展波澜壮阔的历史画卷。本书旨在采撷中国科技事业 40 年发展历程中的华彩乐章，定格探索者执着的身影，记录下他们奋进的足音。

　　栉风沐雨 40 载，在这条前行的路上：有"天眼巨匠"南仁东为 FAST 奔波选址，用双脚丈量贵州大山每个角落的执着坚韧；有"杂交水稻之父"袁隆平"让杂交水稻造福世界人民"的博大情怀；有举国体制下研制"中国神药"青蒿素类抗疟药的协同攻关；有"神舟"飞天创造的"中国高度"，"蛟龙"潜海成就的"中国深度"，"复兴号"标准动车组刷新的"中国速度"……更有李保国、钟扬等许许多多科技工作者数十年如一日扎根基层的默默坚守与勤奋耕耘。

　　弦歌不辍，薪火永传。今天的中国，正处在科技革命和产业变革的历史交汇期，把党的十九大描绘的美好蓝图变为现实，是一次新的长征。中国科技工作者将把爱国之情、报国之志融入祖国改革发展的伟大事业之中，为祖国建功立业，与新时代同频共振，为实现"两个一百年"奋斗目标、实现中华民族伟大复兴的中国梦，奏响昂扬奋进的崭新乐章！

目 录

掠影

1978年，蕨类植物学家秦仁昌在《植物分类学报》第 16 卷发表《中国蕨类植物科属的系统排列和历史来源》，建立了中国蕨类植物分类的新系统。

1978 年 9 月，北京动物园采用人工授精技术在世界上首次成功地繁殖出大熊猫幼兽。

1978

1979 年 7 月，第一张采用汉字激光照排系统输出的报纸样张《汉字信息处理》问世。

1979 年 8 月，中国科学院大气物理研究所在北京建成的高达 325 米的气象铁塔正式投入使用。

1979 年 9 月，中国第一条光导纤维通信线路——上海光纤电话线并入上海市内电话网并开始使用。

1979

1980 年，中国科学院大气物理研究所与北京大学地球物理系、中央气象台合作成立了联合数值预报室，将东亚大气环流研究的一系列成果发展成中国天气预报的业务模式。

1980 年 5 月，"向阳红五号"海洋科学调查船赴太平洋执行任务，研究厄尔尼诺现象，为我国海洋事业、国防建设和国际海洋合作作出贡献。

1980 年 9 月，我国自主研制的第一架国产干线客机"运 10"飞机首飞成功。

1980

1981 年 9 月，我国首次使用一枚大型火箭将三颗不同用途的卫星送入地球轨道，成功地实现了"一箭多星"的壮举。

1981 年 11 月，我国在世界上首次合成核酸——酵母丙氨酸转移核糖核酸（$tRNA_y^{Ala}$）。

1981

1982 年 12 月，中国科学院上海有机化学研究所经过大量试验，完成天然青蒿素的人工合成。

1982 年 12 月，建在中国科学院高能物理研究所的中国第一台质子直线加速器，首次引出能量为 1000 万电子伏的质子束流。

1982

1983 年，中国数学家陆家羲在国际上发表关于不相交斯坦纳三元系大集的系列论文，解决了组合设计理论研究中多年未解决的难题。

中国科学院上海硅酸盐研究所 1982 年开始进行 BGO 晶体研究，1983 年年初在实验室研制出大尺寸 BGO 晶体，并确定了生产技术路线和方法。

1983 年 12 月，中国第一台每秒运算 1 亿次以上的巨型计算机——"银河 I"型研制成功。

1983 年，中国数理逻辑学家和计算机科学家唐稚松提出了世界上第一个可执行时序逻辑语言—— XYZ 语言。

1983

改革开放 40 年科技成就撷英

1984 年 3 月，我国学者旭日干与日本学者合作，培育出世界上第一胎试管山羊。

1984 年 4 月，我国第一颗静止轨道试验通信卫星——"东方红二号"发射成功。

1984 年，冯康在北京微分几何与微分方程国际会议上首次系统提出了哈密尔顿系统的辛几何算法。

国家南极考察委员会决定向南极洲派出科学考察队，考察队于 1984 年 12 月 26 日到达南极。

1984

1985 年 2 月，中国第一个南极考察站——中国南极长城站在西南极乔治王岛落成。

1985 年 11 月，南京地质古生物研究所侯先光等在中国《古生物学报》上发表论文，将其在澄江帽天山页岩系中发掘出的纳罗虫动物化石群命名为"澄江动物群"。距今 5.3 亿年前的澄江动物群的发现，成为寒武纪大爆发的最有力证据。

1985

1986 年，由艾国祥院士主持研制的北京天文台太阳磁场望远镜建成。

1986 年 10 月，国家种质库在中国农业科学院作物品种资源研究所落成。

1986 年 12 月，中国科学院物理研究所的赵忠贤教授及他的研究小组发现起始转变温度为 48.6 开的锶镧铜氧化物超导体。

1986 年 12 月，中国首个国家重点实验室——中国科学院上海分子生物学实验室通过评审验收。

1986

1987 年 6 月，上海光学精密机械研究所研制的"神光 I"高功率激光装置通过国家鉴定，该装置是当时中国规模最大的高功率激光装置。

1987 年 11 月，中国口径最大的天文观测设备——1.56 米天体测量望远镜和 25 米射电望远镜，在上海天文台建成并开始试运转。

1987

1988 年 5 月，中国科学院遗传研究所第一次实现人类基因在植物中的表达。

1988 年 10 月，由中国科学院高能物理研究所建造的北京正负电子对撞机（BEPC）首次实现正负电子对撞，宣告建造成功。

1988 年 10 月，中国内地第一条高速公路——沪嘉高速公路全线通车。

1988 年 12 月，我国自行设计和制造的兰州重离子加速器（HLRFL）在中国科学院兰州近代物理研究所建成出束，标志着中国回旋加速器技术进入世界先进行列。

1988

中国科学院化学研究所研制成功丙纶级聚丙烯树脂，该项目获 1989 年国家科学技术进步奖一等奖。

1989 年 4 月，中国第一个专用同步辐射光源——合肥同步辐射装置在中国科学技术大学建成出光。

1989 年 5 月，中国科学院高能物理研究所研制的中国第一台 35 兆电子伏质子直线加速器通过专家鉴定。

1989 年 7 月，我国第一艘自行设计、建造的浮式生产储油船——"渤海友谊号"交付使用。

改革开放 **40** 年科技成就撷英

1989

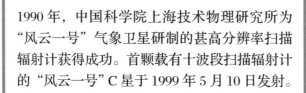

1990 年，中国科学院上海技术物理研究所为"风云一号"气象卫星研制的甚高分辨率扫描辐射计获得成功。首颗载有十波段扫描辐射计的"风云一号"C 星于 1999 年 5 月 10 日发射。

1990

1991 年 11 月，我国第一台拥有完全自主知识产权的大型数字程控交换机—— HJD04 机在邮电部洛阳电话设备厂诞生。

1991 年 12 月，中国第一座自行设计、建设的核电站——秦山核电站首次并网发电。

1991

1992 年，中国科学院近代物理研究所在世界上首次合成了汞-208 和铪-185 两种新核素，与中国科学院上海原子核研究所合成的铂-202 一起，实现了我国在新核素合成和研究领域"零的突破"。

1992 年，我国研制成功对治疗甲肝和丙肝有特殊疗效的合成人工干扰素等一批基因工程药物。

1992

1993 年 5 月 26 日，由中国科学院高能物理研究所、原子能科学研究院、上海光学精密机械研究所和上海原子核研究所等承担的国家"863"高技术项目"北京自由电子激光装置"（BFEL）成功实现红外自由电子激光受激振荡，并于 12 月 28 日凌晨顺利实现饱和振荡。

1993 年 9 月 29 日，由北京航空航天大学研制成功的中国第一架无人驾驶直升机——"海鸥号"直升机首飞成功。

1993

改革开放 **40** 年科技成就撷英

1994 年 4 月，我国向世界公布了雅鲁藏布大峡谷的平均深度为 5000 米、最深处达 5382 米、谷底宽度仅 80～200 米、长度为 496.3 千米这一重大发现。

1994 年 5 月，大亚湾核电站全面建成并投入商业运营，这是我国内地第一座百万千瓦级大型商用核电站，是继秦山核电站后建成的第二座核电站。

1994 年 12 月，中国第一台潜深 1000 米的无缆水下机器人"探索者号"由中国科学院沈阳自动化研究所等单位研制成功。

1994 年 12 月，我国第一架自行研制、拥有自主知识产权的直升机"直 11"型直升机成功实现首飞。

1994

1995 年 5 月，由中国科学院计算技术研究所研制的"曙光 1000"大规模并行计算机系统通过国家级鉴定。

1995 年 11 月，中国农业科学院植物保护研究所国家重点实验室和山东大学生物系联合培育成功世界上第一株抗大麦矮病毒的转基因小麦品种。

1995

改革开放 **40** 年科技成就撷英

1996 年 6 月，中国科学院国家基因研究中心在世界上首次成功构建了高分辨率的水稻基因组物理图。

1996 年 8 月，中国科学院近代物理研究所和高能物理研究所合作，在世界上第一次合成并鉴别出新核素镅–235。

1996 年，南京大学闵乃本院士领导的课题组研制出能同时出两种颜色激光的准周期介电体超晶格，成功验证了多重准相位匹配理论。

1996

1997 年 6 月，"银河 Ⅲ" 百亿次计算机研制成功。

1997 年 6 月，"风云二号" 气象卫星（A 星）发射成功。

1997 年 9 月，中美希夏邦马峰冰芯科学考察队在海拔 7000 米的达索普冰川上成功钻取了总计 480 米长、重 5 吨的冰芯。

1997 年，中国科学院沈阳自动化研究所等单位研制的 6000 米无缆自治水下机器人完成太平洋洋底调查任务。

1997

1998 年 7 月，中国科学院物理研究所成功制备出长达 2~3 毫米的超长定向碳纳米管列阵，并可以利用常规试验手段测试碳纳米管的物理特性。

1998 年 7 月，北京有色金属研究总院、西北有色金属研究院、中国科学院电工研究所参与研制的我国第一根铋系高温超导输电电缆获得成功，推进了我国高温超导技术的实用化进程。

中国科学院南京地质古生物研究所孙革及他的研究组在我国辽宁北票地区发现了迄今为止世界上最早的被子植物化石——辽宁古果。这一发现发表在 1998 年 11 月的《科学》杂志上。

1998

1999 年 2 月，上海医学遗传研究所在上海市奉贤区奉新动物试验场成功培育出我国第一头转基因试管牛。

1999 年 11 月 20 日，中国第一艘载人航天试验飞船"神舟一号"在酒泉卫星发射中心升空。这是中国载人航天工程的第一次飞行试验。

1999 年 7—9 月，中国首次北极科学考察活动圆满完成三大科学目标预定的现场科学考察计划任务。

改革开放 **40** 年科技成就撷英

1999

2000 年 10 月，我国自行研制的第一颗北斗导航卫星发射成功。

2000 年，袁隆平院士及他的研究小组研制的超级杂交稻达到农业部制定的超级稻育种的第一期目标——连续两年在同一生态地区的多个百亩片实现亩产 700 千克。

2000 年，由国家并行计算机工程技术研究中心牵头研制成功大规模并行计算机系统"神威 I"，其主要技术指标和性能达到国际先进水平。

2000

2001年，曙光公司研发成功峰值运算速度达4032亿次/秒的"曙光3000"超级并行计算机系统，标志着我国高性能计算机技术和产品走向成熟。

2001年1月，我国自行研制的"神舟二号"无人飞船发射成功，标志着我国载人航天事业取得新进展，向实现载人飞行迈出重要的一步。

2001年8月，被誉为"生命登月"的国际"人类基因组计划"的"中国卷"宣告完成。

2001年10月，我国首次独立完成水稻基因组"工作框架图"和数据库。

2001年11月，中国科学院近代物理研究所的科研人员在新核素合成和研究方面取得新的重要突破，首次合成超重新核素钍–259，使我国的新核素合成和研究跨入超重核区的大门。

2001

改革开放 40 年科技成就撷英

2002 年 2 月，国家重大科研项目——"中国第三代移动通信系统研究开发项目"正式通过专家组验收。

2002 年 3 月，"神舟三号"飞船发射成功。

2002 年 4 月，由中国科学院、中国工程物理研究院研制，建在中国科学院上海光学精密机械研究所的"神光Ⅱ"巨型激光器研制成功。

2002 年 5 月，我国在内蒙古苏里格发现首个世界级大气田，探明储量约 6000 亿米^3。

2002 年 9 月，我国首枚高性能通用微处理芯片——"龙芯 1 号"CPU 研制成功。

2002 年 11 月，长江三峡水利枢纽工程导流明渠截流成功。

2002 年 12 月，"神舟四号"飞船发射成功。

2002

2003 年 1 月，上海建成世界上第一条商业化运营的磁浮列车示范线并运行成功。

2003 年 3 月，中国科学院计算技术研究所国家智能计算机研发中心联合曙光公司共同推出"曙光 4000L"超级服务器，标志着百万亿数据处理超级服务器研制成功。"曙光 4000A"超级服务器在 2004 年 6 月 22 日公布的全球超级计算机 500 强榜单中位列第 10。

2003 年 10 月，我国第一艘载人飞船——"神舟五号"发射成功。

2003 年 3 月，中国科学院等离子体研究所 HT-7 超导托卡马克实验获得重大突破。

2003 年 6 月，三峡工程坝前水位正式达到 135 米，"高峡出平湖"的百年梦想变成现实。

2003

改革开放 **40** 年科技成就撷英

2004 年 1 月，我国首次研制成功高精度水下定位导航系统。

2004 年 7 月，"探测二号"卫星发射成功，"地球空间双星探测计划"得以真正实现。

2004 年 5 月，我国第一座自主设计、自主建造、自主管理、自主运营的大型商用核电站——秦山二期核电站全面建成投产。

2004 年 12 月，由国家发改委等八部委共同推进的我国第一个下一代互联网主干网 CERNET2 正式开通。

2004

2005 年 1 月，在挺进南极内陆冰盖约 1200 千米后，中国南极内陆冰盖昆仑科学考察队登上南极内陆冰盖的最高点。

2005 年 4 月，中国大陆科学钻探工程"科钻 1 井"胜利竣工，在江苏省东海县毛北村成功深入地下 5158 米，并在此基础上取得一系列科研成果，这标志着我国"入地"计划获得重大突破。

2005 年 4 月，中国科学院计算技术研究所研制的我国首款 64 位高性能通用 CPU 芯片——"龙芯 2 号"问世。

2005 年 10 月，世界上海拔最高、线路最长的高原冻土铁路——青藏铁路全线铺通。

2005 年 10 月，"神舟六号"载人航天飞行圆满完成。

改革开放 40 年科技成就撷英

2005

2006 年 1 月,"大洋一号"海洋科学考察船经过 297 天的航行,完成了中国首次环球大洋科学考察各项任务。

2006 年 4 月,我国在太原卫星发射中心用"长征四号"乙运载火箭,成功将"遥感卫星一号"送入预定轨道。

2006 年,中国科学技术大学潘建伟教授领导的研究小组在国际上首次成功实现两粒子复合系统量子态的隐形传输。

2006 年 9 月,由中国科学院等离子体物理研究所牵头,我国自主设计、自主建造的世界上第一个全超导非圆截面托卡马克核聚变实验装置首次成功完成放电实验。

2006 年 11 月,北京正负电子对撞机重大改造工程第二阶段建设任务基本达到目标。

2006

2007 年 4 月，中国首个野生生物种质资源库——中国西南野生生物种质资源库建成。

2007 年 4 月，《自然》杂志刊登以中国科学院南京地质古生物研究所古生物专家为主要成员的中美古生物专家小组的成果，该小组发现了距今 6.32 亿年前的动物休眠卵化石。

2007 年 9 月，我国首架拥有自主知识产权的新支线飞机 ARJ21 完成总装。

2007 年 11 月，我国首台拥有自主知识产权的 12000 米特深井石油钻机研制成功。

2007 年 10 月，我国首颗月球探测卫星——"嫦娥一号"卫星成功发射，11 月 26 日成功传回第一张月面图片，首次月球探测工程取得圆满成功。

2007 年 12 月，中国科学技术大学与中国科学院计算技术研究所合作研制，采用"龙芯 2 号"芯片的国产万亿次高性能计算机通过国家鉴定。

改革开放 **40** 年科技成就撷英

2007

2008 年 8 月，北京至天津城际高速铁路正式开通运营。

2008 年 9 月 25 日，"神舟七号"载人飞船发射成功，中国迈出太空行走第一步。

2008 年 11 月，我国曙光公司研制生产的高性能计算机"曙光 5000A"，以峰值速度 230 万亿次 / 秒的成绩再次跻身世界超级计算机前 10。

2008 年 12 月，中国下一代互联网示范工程（CNGI）项目历经五年建成世界规模最大的下一代互联网。

2008 年 7 月，北京正负电子对撞机重大改造工程取得重要进展——加速器与北京谱仪联合调试对撞成功，并观察到正负电子对撞产生的物理事例。

2008 年 10 月，国家重大科学工程——大天区面积光纤光谱天文望远镜（LAMOST）在国家天文台兴隆观测基地落成。

2008 年 11 月，中国首架拥有完全自主知识产权的新支线飞机 ARJ21"翔凤"在上海首飞成功。

2008

2009 年，国家重大科技基础设施上海同步辐射光源建成，主要性能指标达到世界一流水平。

2009 年 1 月，我国在南极内陆冰盖的最高点冰穹 A 地区建成南极昆仑站。

2009 年 9 月，我国甲型 H1N1 流感疫苗全球首次获批生产。

2009 年 7 月，中国科学院动物研究所周琪研究组等在世界上第一次获得完全由 iPS 细胞制备的活体小鼠，证明了 iPS 细胞的全能性。

2009 年 10 月，中国科学院上海硅酸盐研究所通过和上海市电力公司合作，成功研制拥有自主知识产权的容量为 650 安时的钠硫储能单体电池。

首台千亿次超级计算机系统"天河一号"研制成功，2009 年 11 月在全球超级计算机 500 强榜单上排名全球第五、亚洲第一。

2009

改革开放 40 年科技成就撷英

2010 年 6 月，中国科学技术大学和清华大学组成的联合小组成功实现 16 千米世界上最远距离的量子态隐形传输，比此前的世界纪录提高了 20 多倍。

2010 年 7 月，我国第一台自行设计、自主集成研制的"蛟龙号"深海载人潜水器的最大下潜深度达到 3759 米。

2010 年 7 月，中国原子能科学研究院自主研发的中国第一座快中子反应堆——中国实验快堆实现首次临界。

2010 年 10 月，"嫦娥二号"卫星在西昌卫星发射中心成功升空，探月工程二期揭幕。

2010 年 11 月，国防科学技术大学研制的"天河一号"超级计算机在全球超级计算机 500 强榜单中登顶，成为全球最快超级计算机。

2010 年 11 月，京沪高速铁路全线铺通。

2010

2011 年 4 月，由中国科学院电工研究所承担研制的中国首座超导变电站在甘肃省白银市正式投入电网运行。

2011 年 5 月，"海洋石油 981" 3000 米超深水半潜式钻井平台在上海命名交付。

2011 年 7 月，我国第一个由快中子引起核裂变反应的中国实验快堆成功实现并网发电。

2011 年 9 月，袁隆平院士指导的超级稻第三期目标亩产 900 千克高产攻关获得成功，中国杂交水稻超高产研究保持世界领先地位。

2011 年 11 月，"神舟八号"飞船与"天宫一号"目标飞行器在太空成功实现首次交会对接。

2011 年，"深部探测技术与实验研究专项"集中了国内 118 个机构、1000 多位科学家和技术专家联合攻关，取得一系列重大发现。

2011 年，复旦大学脑科学研究院马兰研究团队发现一种在体内广泛存在的蛋白激酶 GRK5，在神经发育和可塑性中有关键作用。

2011 年 11 月，华中科技大学史玉升科研团队研制成功世界最大的激光快速制造装备。

2011

改革开放 **40** 年科技成就撷英

"特高压交流输电关键技术、成套设备及工程应用"项目获 2012 年国家科学技术进步奖特等奖。

2012 年 2 月，我国发布"嫦娥二号"月球探测器获得的 7 米分辨率全月球影像图。

2012 年 3 月，大亚湾反应堆中微子实验国际合作组宣布发现中微子新的振荡模式，并测得其振荡振幅，精度世界最高。

2012 年 6 月，"神舟九号"载人飞船返回舱顺利着陆，"天宫一号"目标飞行器与"神舟九号"载人交会对接任务获得圆满成功。

2012 年 6 月，"蛟龙号"深海载人潜水器成功在 7020 米深海底坐底，再创我国载人深潜新纪录。

2012 年 10 月，总体性能名列全球第四、亚洲第一的上海 65 米射电望远镜在中国科学院上海天文台松江佘山基地落成。

2012 年 12 月，世界首条高寒地区高速铁路——哈（尔滨）大（连）客运专线正式开通运营。

2012 年 12 月，北斗卫星导航系统正式向我国及亚太地区提供区域服务，服务区内系统性能与国外同类系统相当，达到同期国际先进水平。

2012

2013 年 4 月，清华大学薛其坤团队成功观测到量子反常霍尔效应。

2013 年 6 月，"神舟十号"飞船实现我国首次载人航天应用性飞行，实施了我国首次航天器绕飞交会试验，这标志着"神舟"飞船与"天宫一号"目标飞行器的对接技术已经成熟，我国进入空间站建设阶段。

2013 年 6 月，国防科学技术大学研制的"天河二号"超级计算机以 33.86 千万亿次/秒的浮点运算速度成为全球最快的超级计算机，比第二名快近一倍。

2013 年 8 月，复旦大学微电子学院张卫团队研发出世界第一个半浮栅晶体管（SFGT），我国在微电子器件领域首次领跑世界。

2013 年 12 月，"嫦娥三号"探测器携带的"玉兔"月球车在月球开始工作，标志着中国首次地外天体软着陆成功。

2013 年 10 月，浙江大学传染病诊治国家重点实验室李兰娟院士团队成功研制人感染 H7N9 禽流感病毒疫苗种子株。

2013

2014 年 4 月，"海马号"无人遥控潜水器系统实现最大下潜深度 4502 米。

2014 年 7 月，世界第三大水电站、中国第二大水电站溪洛渡电站，中国第三大水电站向家坝电站机组全面投产发电。

2014 年 6 月，清华大学医学院颜宁研究组在世界上首次解析了人源葡萄糖转运蛋白 GLUT1 的晶体结构。

2014 年 7 月，清华大学生命科学院施一公研究组在世界上首次揭示了与阿尔茨海默症发病直接相关的人源 γ 分泌酶复合物。

2014 年 10 月，由袁隆平院士团队牵头的"超高产水稻分子育种与品种创制"取得重大突破，首次实现了超级稻百亩片亩产过千千克的目标。

2014 年 11 月，再入返回飞行试验返回器在内蒙古四子王旗预定区域顺利着陆，中国探月工程三期再入返回飞行试验获得圆满成功。

2014 年 12 月，南水北调中线工程正式通水。

2014

2015 年 3 月，北斗系统全球组网首颗卫星在西昌发射成功，标志着我国北斗卫星导航系统由区域运行向全球拓展的启动。

2015 年 3 月，由中国科学技术大学潘建伟、陆朝阳等组成的研究小组在国际上首次成功实现多自由度量子体系的隐形传态，成果以封面标题的形式发表于《自然》杂志。

2015 年 7 月，中国科学院物理研究所方忠研究员带领的团队首次在实验中发现外尔费米子。

2015 年 9 月，我国新型运载火箭"长征六号"在太原卫星发射中心点火发射，成功将 20 颗微小卫星送入太空。

2015 年 11 月，C919 大型客机首架机在中国商用飞机有限责任公司新建成的总装制造中心浦东基地总装下线。

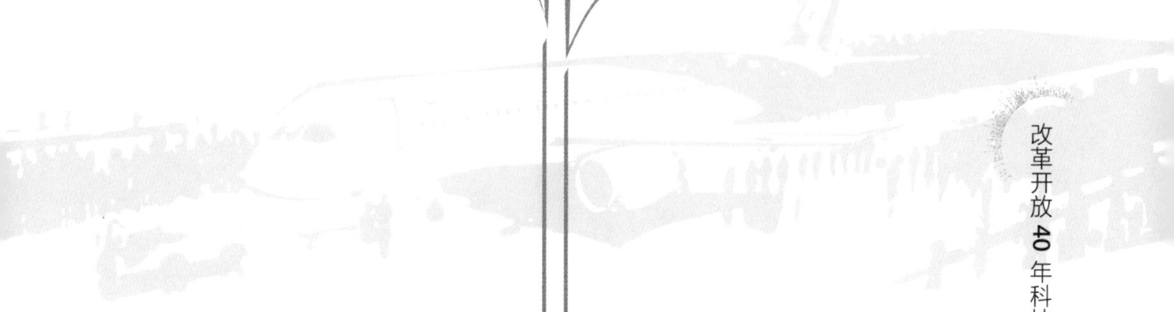

2015

改革开放 40 年科技成就撷英

2016 年 6 月，中国科学院自动化研究所蒋田仔团队联合国内外其他团队成功绘制出全新的人类脑图谱，在国际学术期刊《大脑皮层》上在线发表。

2016 年 6—8 月，"探索一号"科学考察船在马里亚纳海沟挑战者深渊开展我国首次综合性万米深渊科学考察。

2016 年 11 月，新一代运载火箭"长征五号"首次发射成功，标志着我国运载能力已进入国际先进行列。

2016 年 3 月，中国科学院上海光学精密机械研究所利用超强超短激光，成功产生反物质——超快正电子源。

2016 年 6 月，"神威·太湖之光"超级计算机系统登顶全球超级计算机 500 强榜单。

2016 年 9 月，500 米口径球面射电望远镜（FAST）在贵州省平塘县的喀斯特洼坑中落成。

2016 年 11 月，"天宫二号"空间实验室与"神舟十一号"飞船载人飞行任务取得圆满成功。

2016

2017 年 1 月，我国研制的世界首颗量子科学实验卫星"墨子号"完成四个月的在轨测试，正式交付使用。

2017 年 5 月，潘建伟科研团队宣布光量子计算机成功构建。

2017 年 5 月，国产大型客机 C919 在上海浦东国际机场首飞。

2017 年 5 月，我国首次海域可燃冰试采成功。

2017 年 6 月，中国科学院物理研究所科研团队首次发现突破传统分类的新型费米子——三重简并费米子。

2017 年 7 月，港珠澳大桥主体工程实现贯通。

2017 年 7 月，全超导托卡马克核聚变实验装置东方超环实现稳定的 101.2 秒稳态长脉冲高约束等离子体运行，创造了新的世界纪录。

2017 年 9 月，"复兴号"动车组在京沪高铁实现时速 350 千米商业运营，树立起世界高铁建设运营的新标杆。

2017 年 11 月，中国暗物质粒子探测卫星"悟空"的首批探测成果在《自然》杂志刊发。

2017

改革开放 **40** 年科技成就撷英

擷英

1978 年

建立中国蕨类植物
分类新系统

    1978 年，我国著名蕨类植物学家秦仁昌在《植物分类学报》第 16 卷发表了《中国蕨类植物科属的系统排列和历史来源》，该文将中国的蕨类植物分为 5 亚门，63 科，223 属，其中 23 科是他本人或由他人代为发表的新科，从而建立了中国蕨类植物分类的新系统。这一研究成果得到国际学术界的极大认可，1988 年，在纪念秦仁昌诞辰 90 周年大会上，国际蕨类学会主席亨尼普曼说："秦仁昌不仅是中国蕨类学之父，也是世界蕨类学之父。"这一成果于 1993 年获国家自然科学奖一等奖。

爱国心"成就"蕨类学之父

我国在历史上很早就对蕨类植物有所认识，在 2500 多年前的诗歌总集《诗经》中就有"采蕨采薇"的描述，在历朝编纂的本草或救荒一类的著作中更是不乏对蕨类植物的描述。《本草纲目》中也有"蕨处处山中有之，二三月生芽，拳曲状如小儿拳，其茎嫩时采取，以灰汤煮去涎滑，晒干作蔬，味甘滑，亦可醋食"的说法。此外，吴其濬在《植物名实图考》中也有对蕨类植物的研究。

但对中国植物特别是蕨类植物的系统科学研究，则源于近代西方植物学家：彼得堡植物园的首席植物学家马克西姆·维

▼ 皇冠蕨

兹前后用近 40 年的时间研究我国的植物；英国蕨类植物学家贝克尔专门研究中国蕨类植物，并出版专著《蕨类纲要》；法国学者弗朗谢的《谭微道植物志》则对内蒙古、华北及华中的植物以及藏东植物进行了研究……由此可见，当时对中国现代植物学特别是蕨类植物学的研究几乎全是外国学者进行的，涉及中国蕨类植物的文章也全是用拉丁文或英、法、德、日、俄等国文字发表的，甚至模式标本也全部分散在国外。这样的一种研究状况深深地震撼了爱国的近代植物学研究者，他们认为：无论条件多么艰苦，中国人应首先把自己国家的蕨类植物研究工作搞起来。秦仁昌就是这样开始了对中国蕨类植物的研究，也是从这时起，秦仁昌的人生经历就与中国蕨类植物研究的发萌、成长和发展紧紧地联系在了一起。

"秦仁昌系统" 的诞生

为了系统科学地研究蕨类植物，1926 年秦仁昌随我国著名植物学家陈焕镛先生来到香港植物园标本室工作，1927 年他受聘于台湾自然历史博物馆任植物学技师。在此期间，他查阅了许多标本和文献资料，基本上掌握了 180 多年来外国学者对中国及邻近国家蕨类植物研究的情况，但因模式标本都保存在西方各国，许多问题在国内无法解决，所以他决心到欧洲进行学习考察。1929 年，秦仁昌来到丹麦哥本哈根大学植物学博物馆，

▲ 秦仁昌 1929 年在南京留影

在当时世界著名植物学权威 C. 科利斯登生的指导下研究蕨类植物分类学。在欧洲期间，他为了彻底查清中国蕨类植物的模式标本，先后在欧洲各国标本馆进行短期研究，并且拍摄模式照片 18300 多张，积累了大量珍贵资料。经过多年努力，180 多年以来各国学者所发表的中国蕨类植物标本，除一张存放在巴黎自然历史博物馆的地下室无法找到外，秦仁昌对其他资料都进行了详细的研究和记录。这些宝贵的资料为其后"秦仁昌系统"的问世以及中国现代植物分类学的研究奠定了坚实的基础。1932 年秦仁昌回国后，将从国外收集来的资料综合整理，结合自己采的标本资料，修订了他 1930 年编写的《中国蕨类植物志初稿》，全稿 70 多万字，记载了 11 科 86 属 1200 多种中国蕨类植物。这是中国第一部比较完整的蕨类植物专著，为中国蕨类植物研究提供了前所未有的、较为完整的资料，现已被永久保存在中国科学院植物研究所图书馆。

经过多年对蕨类植物的研究，秦仁昌于 1940 年发表了《水龙骨科的自然分类》。他从蕨类植物的演变规律出发，根据系统发育理论，科学地把 100 多年来包括蕨类植物 80% 属和 90% 种的混杂的"水龙骨科"划分为 33 科 249 属，清晰地呈现了各系统间的演化关系，解决了当时蕨类植物学中难度最大的课题，成为世界蕨类植物系统分类发展史上的一个巨大突破，这一系统后来被学界称为"秦仁昌系统"。文章一发表，立即引起了国际蕨类植物学界的重视和争论，原因是长期以来，世界植物学界一直沿用胡克所提的蕨类植物分类系统。胡克的蕨类植物分类系统认为：世界上 10000 多种蕨类植物都要划归水龙骨科。秦仁昌对这个科进行了多方面研究之后发现，胡克的蕨类植物分类系统是人为而非自然的，他认为应该从蕨类植物的演化规律出发，对蕨类植物进行分类，于是"秦仁昌系统"面世了。此后，各国植物学界都陆续采用这一新的系统。秦仁昌于同年

▲ 柄盖蕨

▲ 圣蕨

获得荷印龙佛氏生物学奖金。对此，国际蕨类植物权威科波仑特评价："在极端困难的条件下，秦仁昌不知疲乏地为中国在科学的进步中，赢得了一个新的地位。"其后，蕨类植物细胞学染色体的研究也进一步证实了"秦仁昌系统"的科学性。

"新时代"的新系统

　　1954 年，秦仁昌发表了《中国蕨类科属名词及分类系统》。1955 年，他当选为中国科学院学部委员，1959 年被选为《中国植物志》编委会委员，负责编纂《中国植物志》。但这一植物百科全书的完成不是一件简单的事，它需要翔实的资料、专业的人才、财政的支持等诸多要素，须集全国各领域分类学家之力方能完成。为实现中国植物分类学家几代人的梦想，秦仁昌不仅充分发挥其行政才能，处理大量具体事务，而且他本人也夜以继日积极参与具体的研究和编著工作。经过不懈努力,《中国植物志(第二卷)》于当年出版,作为《中国植物志》这部中国植物百科全书的第一本,为其他卷册的编写树立了典范。按计划,《中国植物志》中蕨类植物分五卷,至 1964 年,秦仁昌已完成其他四卷中近三卷的初稿。1973 年《中国高等植物图鉴》出版,秦仁昌又完成其中杜鹃花科属部分的撰写,得到了中外植物学家的高度评价,国外学者还专门将该部分在国外进行了翻译出版。

1978 年,秦仁昌完成论文《中国蕨类植物科属的系统排列和历史来源》,在文中对当代蕨类植物,特别是分布于亚洲的蕨类植物的系统发育问题做了进一步深入探讨,并对过去自己的蕨类植物分类系统做了进一步修订和补充,提出了一个全新的中国蕨类植物分类系统。这一系统不仅在国内植物学的研究上得到广泛应用,而且受到国际蕨类学界的极大重视。对此,秦仁昌以其敏锐的眼光指出:蕨类植物分类系统研究虽已进入了一个新的时代,但我们需要走的路还很长。1979 年 10 月,秦仁昌发表《中国植物分类学的回顾和前瞻》一文,文中指出:

> 近代植物分类学是一门高度综合的学科,除大力开展全国范围内植物资源调查采集和引种栽培工作;必须结合专科专属进行研究;进行科属的系统发育和进化过程的综合研究;开展全国各门类植物的细胞染色体的普查工作和细胞遗传学的实验研究工作;采用先进技术和实验手段解决植物志中争论的种、亚种、杂种、无融合生殖体、多倍体等许多科学问题。

▲ 乌毛蕨

秦仁昌这些最新的研究成果,对促进我国植物分类学在未来的纵深发展具有深远影响。秦仁昌也因此在1989年被授予中国科学院自然科学奖一等奖，1993年荣获国家自然科学奖一等奖。

故乡何在　园林为家

1986年，秦仁昌病逝于北京。

这首诗是他人生的写照：

　　　五十年来建园圃，江南江北度生涯。

　　　问道故乡何所在，园林无处不为家。

秦仁昌的一生见证了中国蕨类植物研究的发萌、成长和发展，他在植物学特别是蕨类植物分类学等方面提出了中国人自己的观点，对中国蕨类植物分类做出了客观的评析，从而创建了最完整的中国蕨类植物分类系统，为中国以及世界蕨类植物研究作出了卓越的贡献。同时，他留下的永不放弃、积极探索的科学精神以及勇为祖国争荣誉的爱国心，永远值得我们学习。

▲ 晚年的秦仁昌仍笔耕不辍

（图文／中国科学院植物研究所）

1978年
建立中国蕨类植物分类新系统

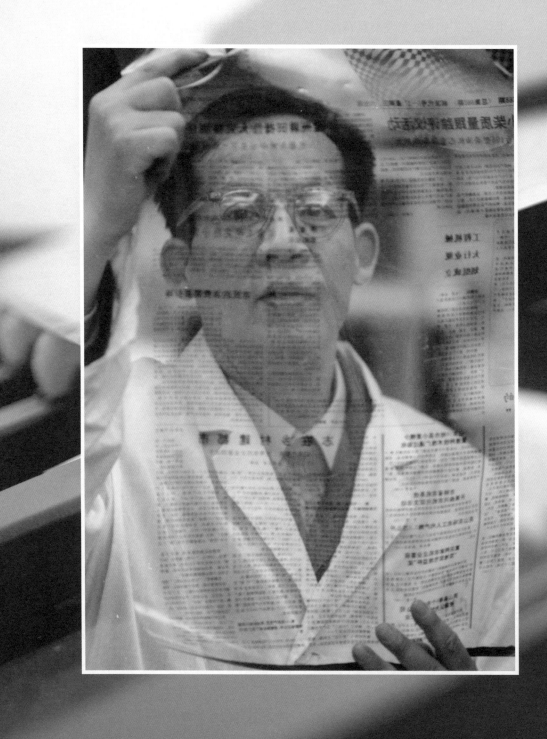

1979 年

汉字信息处理与激光照排系统主体工程研制成功

1975 年，北京大学启动了对"汉字信息处理系统工程"项目的研究。以王选为技术总负责人的科研团队，研制成功汉字信息处理与激光照排技术并大规模推广应用，使延续上百年的中国传统出版印刷行业得到彻底改造，被公认为"毕昇发明活字印刷术后中国印刷技术的第二次革命"，使中国报业技术和应用水平步入世界前列，成为我国自主创新和运用高新技术改造传统行业的典范，也为信息时代汉字和中华民族文化的传播与发展创造了条件。

洗尽"铅"华 汉字与时代接轨

有人说，在中华文明的历史上，我们不应忘记这些人：仓颉创造了汉字，让文明可以沉淀下来；毕昇发明了活字印刷，让文明传播到世界的每一个角落；王选把汉字带进了信息时代，让中华汉字文化源远流长。在历史长河中，以王选为代表的我国科技工作者，为汉字跟上信息时代的步伐，为中华文明的传承发扬作出了不可磨灭的贡献。

进入 20 世纪，随着电子计算机和光学技术的迅速发展，西方率先结束了活字印刷，采用了"电子照排技术"，而中国仍沿用"以火熔铅，以铅铸字，以铅字排版，以铅版印刷"的铅排作业。70 年代，中国数量最多的工厂恐怕就是印刷厂了，约有 1 万家，大多是装备落后的小厂。

铅字印刷的基本工艺程序是：铸字、拣字（如果发现字库中没有的字，则另行刻字）、排版、上机印刷、切割、装订。铅字印刷不仅耗费巨大的人力物力，而且能耗巨大、效率低下、污染严重。据不完全统计，当时铸字耗用的铅合金达 20 万吨，铜模 200 万副，价值人民币 60 亿元。更重要的是，铅字印刷的出版效率极低，一本普通图书从发稿到出版要一年左右。

▲ 王选和陈堃銶，一对事业上的最佳搭档

王选领导的团队 20 年磨一剑，终于使汉字激光照排技术在中国得到广泛普及和应用，以摧枯拉朽之势，掀起了中国印刷业"告别铅与火，迈入光与电"的印刷技术革命。他的发明，使拥有几千年悠久历史、却被某些专家预言为"计算机时代掘墓人"的汉字，如鲤鱼一跃，跃过了计算机这道龙门，进入了风驰电掣的信息时代，为中华文化的传承和发扬插上了科技的翅膀。

一跃 40 年　气概凌云的技术跨越

1974 年 8 月，在周恩来总理的亲自关怀下，原四机部（电子工业部）、原一机部（机械工业部）、中国科学院、新华社、原国家出版事业管理局五家机构联合发起，设立了国家重点科技攻关项目"汉字信息处理系统工程"，简称"748 工程"。"748 工程"分为汉字精密照排系统、汉字情报检索系统、汉字远传通信系统三个子项目。1975 年，多年病休在家的北京大学无线电系教师王选，从妻子（数学系教师）陈堃銶那里听说了这项工程，被其中"汉字精密照排系统"的价值和难度强烈吸引，开始自发进行研究。汉字精密照排指运用计算机和相关的光学、机械技术，对中文信息进行输入、编辑、排版、输出及印刷。研制这一系统的目标，就是用现代科技对我国传统而落后的印刷行业进行彻底改造。

20 世纪 40 年代，美国发明了第一代手动照排机，到 70 年代，日本流行的是第二代光学机械式照排机，欧美则已流行第三代阴极射线管照排机。我国当时有五个攻关团队从事汉字照排系统的研究，其中两个团队选择了二代机，三个团队采用了三代机。在汉字信息的存储方面，这五个团队全部采取的是模拟存储方式。

经过分析研究，王选得出了第一个重要结论：研制汉字照排系统，首先要解决汉字信息的存储问题。模拟存储没有发展前途，必须采用"数字存储"的技术途径，即把每个字形变成由许多小点组成的点阵，每个点对应着计算机里的一位二进位信息，存储在计算机内。

西文只有 26 个字母，字体和字号再变化，存储量问题也并不突出。而汉字字数繁多，常用字就有 6700 多个，印刷时又有宋体、黑体、仿宋、楷体等 10 多种字体，每种字体还有约 20 种大小不同的字号。为了达到印刷质量要求，五号字大小的正文小字需要 100×100 以上的点组成，排标题用的大号字需要 1000×1000 以上的点阵。如果将所有字体字号全部用点阵存储进计算机，信息量高达几百亿字节，像座高山一样庞大。

当时我国国产的 DJS130 计算机的磁心存储器，最大容量只有 64 千字节；外存只有一个 512 千字节的磁鼓和 6 兆的磁盘，相当于美国 20 世纪 50 年代末的水平。这么小的存储容量，要存下如此庞大的汉字信息，简直是无法想象的事。

王选通过琢磨每个汉字的笔画，很快发现了规律：汉字虽然繁多，但每个汉字都可以细分成横、竖、折等规则笔画和撇、捺、点、勾等不规则笔画。此时，一个绝妙的设计在王选脑海中形成了。他兴奋地对妻子陈堃銶说："我们可以用轮廓加参数的数学方法描述汉字字形，这样可以使信息量大大压缩！"

数学和汉字，这两种代表不同意义的学科和符号，被王选和谐、紧密地结合起来，一系列世界首创的神奇发明诞生了：用轮廓加参数的方法描述汉字字形，对规则笔段，用描述笔画轮廓的特征参数（如横的起点、长度、宽度和肩等）来表示；对不规则笔段，用折线轮廓表示，后来又改为曲线描述。这一方法不但使信息量大大减少，同时还能保证变倍后的文字质量，使一套字模能产生各种大小的字号。通过这种信息表示方法，汉字的存储量被总体压缩至原先的 1/500 ~ 1/1000!

王选又设计出一套递推算法，使被压缩的汉字信息高速复原成字形，而且适合通过硬件实现，为日后设计关键的激光照排控制器铺平了道路。

更独特的是，王选想出用参数信息控制字形变大或者变小时敏感部分的质量的高招，从而实现了字形变倍和变形时的高度保真。仅此一项发明，就比西方早了 10 年。

陈堃銶与王选一起研究高倍率汉字信息压缩及高速复原方案，并负责软件模拟试验。1975 年 9 月，他们通过软件在计算机中模拟出"人"字的第一撇，这是汉字信息处理技术的重大突破。38 岁的王选，用数学和智慧轻轻一叩，轰然打开了汉字进入计算机时代的大门。

接下来，挡在王选面前的是第二道难关——采用什么样的输出方案将压缩后的汉字信息高速、高质量地还原和输出，这也是照排系统的关键。王选想到了激光照排，虽然当时世界上还没有相应的商品，但这种方案的高分辨率、超宽幅面和极高的输出品质昭示出其巨大前景。王选想起在一个展会上看到邮电部杭州通信设备厂研制的一种报纸传真机，质量好而且已经投入使用，心想，如果把这种传真机的录影灯光源改成激光光源，不就变成激光照排机了？在咨询过光学专家并得到肯定回答后，王选在 1976 年做出了一个大胆决策，跨过当时流行的二代机和三代机，直接研制世界上尚无商品的第四代激光照排系统。

这是王选在研制汉字精密照排系统过程中最为果敢、最具前瞻性的决定。西方 1946 年发明第一代手动式照排机，花了 40 年时间，到 1986 年才开始推广第四代激光照排机。王选于 1976 年提出直接研制第四代激光照排系统，一步跨越了 40 年！今天看来，最可宝贵的正是这种具有凌云气概的技术跨越。

原理性样机　艰苦卓绝的攻坚战

"748工程"办公室主任、四机部计算机工业管理局副局长郭平欣在充分了解了王选的信息压缩和还原方案后，在1976年秋，将"汉字精密照排系统"项目的研制任务正式下达给北京大学。接下来，得到了第一个用户——新华社的支持，在当时电子部的协调下，潍坊、杭州、长春和无锡等地的合作厂家也先后确定下来，王选和同事们摩拳擦掌，开始了研制原理性样机的攻坚战。

攻关伊始，各种困难就接踵而至。由于技术太过超前，王选的方案从一开始就遭到很多质疑。当时在高校流行写论文、评职称、出国进修，而激光照排项目主要是繁重的软件、硬件工程任务，开发条件很差，导致科研队伍受到很大冲击。1978年年底，又传来消息，英国蒙纳公司已研制成功西文激光照排系统，计划在1979年夏秋之际来中国举办展览，进而打入中国巨大的印刷出版市场。

面临严峻的内忧外患，王选冷静分析了蒙纳公司的系统，发现虽然其硬件先进可靠，但设计思想远没有自己的方案先进，离真正实用还有很大距离。在分析了双方的优劣形势后，王选决定加紧原理性样机的研制，一定要在展览会举办以前，输出一张报纸样张。

冬去春来，王选带领着同事们不辞劳苦地工作，画逻辑图、布板、调试机器。由国产元器件组成的样机体积庞大，有好几个像冰箱一样大的机柜，而且很不稳定，每次开关机都会损坏一些芯片。为了保证进度，只好不关机，大家轮流值班，昼夜工作。

经过几十次试验，1979年7月27日，我国第一张采用汉字激光照排系统输出的报纸样张《汉字信息处理》，终于在未名湖畔诞生了！

1980年9月15日上午，软件组输出了我国第一本用国产激光照排系统排出的汉字图书——《伍豪之剑》。北京大学周培源校长将《伍豪之剑》样书呈送方毅副总理，并转送政治局委员人手一册。方毅欣然挥笔："这是可喜的成就，印刷术从火与铅的时代过渡到计算机与激光的时代，建议予以支持，请邓副主席批示。"方毅副总理的这句批示，成为多年后人们形容汉字激光照排系统带来我国印刷技术革命时常用的一句比喻——"告别铅与火，迈入光与电"的缘起。五天后，邓小平写下四个大字："应加支持。"

1981年7月，原理性样机通过了部级鉴定，鉴定结论上写着："本项成果解决了汉字编辑排版系统的主要技术难关。与国外照排机相比，在汉字信息压缩技术方面领先，激光输出精度和软件的某些功能达到国际先进水平。"

▲ 我国用汉字激光照排系统排印的首张报纸样张（1979年7月1日排版，7月27日正式输出）

"华光"诞生
中国印刷技术的第二次革命

原理性样机虽然研制成功，但极不稳定，无法真正投入使用。因此，王选紧锣密鼓地开始了Ⅱ型机的系统研制。1983年秋，Ⅱ型系统研制成功，它采用大规模集成电路和微处理器做照排控制器，体积缩小，输出速度加快，在各方面都比原理性样机前进了一大步。1984 年年初，Ⅱ型机在新华社安装完毕，准备进行中间试验。

初试一开始，问题立即此起彼伏地显现出来。硬件、软件都时有故障，每次排版、发排都非常艰难，照排好的底片有时卸不下来，有时大段文字遗漏，甚至出现一些莫名其妙的错字和变字，让人哭笑不得，还发生了烧坏照排机马达的事故。为了使系统正常运行，王选和科研人员进驻新华社进行现场"保驾"，在夜以继日的不懈努力下，Ⅱ型系统终于实现正常运转，并于 1985 年 5 月通过了国家鉴定，这是我国第一个实用的激光照排系统。大家给Ⅱ型机起了一个寓意深刻的名字——"华光"。他们相信，依靠中国人的力量，一定会点亮印刷技术革命的中华之光！

1985 年，Ⅱ型系统接连获得中国十大科技成就、日内瓦国际发明展览金牌和国家科学技术进步奖一等奖等重大奖励。

▲ 1985 年，激光照排系统在新华社投入使用，这是王选（左四）和技术人员查看用系统排印出的新华社新闻稿

11 月，在 Ⅱ 型系统通过鉴定仅半年后，王选和同事们又研制成功了华光 Ⅲ 型系统。主机由小型机换为台式机，体积更小、稳定性更强。

要使系统达到最高水平，必须能顺利排印大报、日报。可是，有哪家报社有勇气抛开已有百年历史的铅字排版，来冒这个险呢？这时，位于寸土寸金的王府井的经济日报社，正被无法进一步提高印刷生产能力困扰，当得知新华社试用汉字激光照排系统取得了很好的效果时，就主动请缨：开全国报社之先河，勇尝激光照排这只"螃蟹"。当时，报社采取了小心谨慎、循序渐进的方式，将版面一版一版逐步由铅排改为照排。1987年 5 月 22 日,《经济日报》的四个版面全部用上了激光照排，世界上第一张用计算机屏幕组版、用激光照排系统整版输出的中文报纸诞生了！

不久，王选和同事们研制成功了更先进的华光 Ⅳ 型系统，字形复原速度达到每秒 710 字，并具有强大的、花样繁多的字形变化功能。由于 Ⅳ 型系统以微机为主机，因而更便于推广。经济日报社换装了这一系统后，质量和效益大幅提高。1988 年，经济日报社印刷厂卖掉了沉甸甸的铅字，成为我国报业第一家"告别铅与火，迈入光与电"的报社，这一时刻，足以载入中国印刷史册。

《经济日报》的巨大成功，彻底消除了一些用户对国产系统"先进的技术，落后的效益"的担忧，国产激光照排系统开始在全国推广普及。

此后，王选和同事们又先后设计出更为先进稳定、功能更强的方正 91、方正 93 和方正 PSP RIP 的专用芯片，以此为核心的方正电子出版系统迅速占领市场。到 1993 年，国内 99%的报社和 90%以上的黑白书刊出版社与印刷厂采用了国产激光照排系统，延续了上百年的中国传统出版印刷行业得到彻底改造，被公认为"毕昇发明活字印刷术后中国印刷技术的第二次革命"。国外厂商纷纷宣布：在汉字电子激光照排领域，我们放弃与中国人的竞争。

产学研相结合
探索"科技顶天，市场立地"模式

王选被誉为"有市场眼光的科学家"。他发现，即使一个创新的甚至技术上有所突破的成果，如果不经过市场磨炼也很难改进和完善，更不可能取得效益，从而出现"叫好不叫座"的局面。因此，他总结出一套"科技顶天，市场立地"的模式，身体力行带领北京大学计算机科学技术研究所和北京大学新技术公司开展技术合作，并最终创立了北大方正集团，建立起融中远期研究、开发、生产、系统测试、销售、培训和售后服务为一体的"一条龙体制"。他对"顶天立地"模式的解释是："顶天"就是要有高度的前瞻意识，立足于国际科技发展潮头，寻求市场最前沿的需求刺激，不断追求技术突破；"立地"就是商品化和大量推广、服务，形成产业。"科技顶天，市场立地"，是高新技术企业健康持续发展的保证。

20 世纪 90 年代，运用这一模式，王选带领队伍不断抓住机遇，用创新技术引导市场，在"告别铅与火"之后，又引发了中国报业和印刷业四次技术革新：

跨过报纸的传真机传版作业方式，直接推广以页面描述语言为基础的远程传版新技术。用这种方式通过卫星传送版面，实现了报纸的异地同步发行，有效提升了我国报纸的质量和发行量。

跨过传统的电子分色机阶段，直接研制开放式彩色桌面出版系统，催生了彩色出版技术革新，占领了海外 90％的华文报业市场。

研制新闻采编流程计算机管理系统，使报社"告别纸和笔"，实现网络化生产与管理。

研制成功直接制版系统，从电脑系统直接输出感光版，省去了输出底片、显影、定影和晒 PS 版的过程，启动了"告别软片"的技术革新。

此外，王选还决策开辟新领域，带领青年团队研制出电视台硬件播控系统，被我国 70% 的省级以上电视台采用；成功开发日文和西文出版系统，出口发达国家。

进入 21 世纪，在王选的带领和精神感召下，北京大学计算机科学技术研究所从电子时代、数字时代跨入智能时代，他们坚守"科技顶天，市场立地"的王选精神传承，研制成功"基于数字版权保护的电子图书出版及应用系统""跨媒体智能识别技术""个性化字体生成技术""人工智能写稿机器人"等前沿科技并投入应用，让科学技术服务于国家和大众生活。

王选的贡献，不仅仅是引领了一场行业技术革命，更重要的是走出了一条产学研相结合的成功道路。

（图文／北京大学计算机科学技术研究所
王选纪念室　丛中笑）

1979年

汉字信息处理与激光照排系统主体工程研制成功

1980 年

东亚大气环流成为中国天气预报业务模式

　　1980 年，中国科学院大气物理研究所与北京大学地球物理系、中央气象台合作成立了联合数值预报室，将东亚大气环流研究的一系列成果发展成中国天气预报的业务模式。1982 年，中央气象台按此模式做出 72 小时数值的天气预报，结果显示：对中高纬度西风带环流形势演变具有较好的预报效果。对东亚大气环流的系统研究获 1987 年国家自然科学奖一等奖。

大气环流与天气预报

大气环流指某一大范围的地区、某一大气层在一个长时期内的大气运动的平均状态或某一个时段的大气运动的变化过程，是完成地球与大气系统之间热量和水分等物理量的输送以及各种能量间相互转换的重要机制，也是这些物理量相互输送、转换的结果呈现。因此，对大气环流的研究不仅是揭示大气运动规律的重要工作之一，更是改进和提高天气预报准确率、探索全球气候变化的必要途径。

早在 17 世纪以前，人类就在航海事业中开始了对信风、全球大气环流的研究。1686 年，英国人哈雷首先发现了信风，

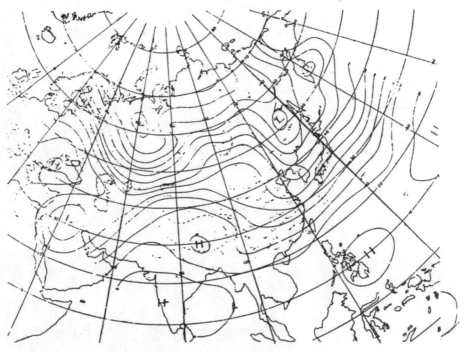

▲ 1957 年 1 月 22 日 23 时 5500 米处的气流走向图

他认为信风的形成与地表太阳热能的分布有关，并且在随后的研究中绘制了北纬 30 度至南纬 30 度的信风和季风分布图。1735 年，英国人哈得来首次正确解释了北半球的东北信风和南半球的东南信风的形成原因，创立了经圈环流理论，为之后大气环流的研究奠定了基础。1835 年，法国人科里奥利提出了地转偏向力（即科里奥利力）。1856 年，美国的费雷尔在科里奥利的研究基础上，提出中纬度的逆环流。1897 年，挪威人皮耶克尼斯将流体力学和热力学用于大气研究，提出了著名的环流理论。20 世纪 20 年代后期，以皮耶克尼斯为首的挪威学派在对气象的研究过程中，提出了冷锋、暖锋、极锋等学说，并把这些理论用于日常的天气预报与分析。可以说，现代天气学理论、天气分析和天气预报方法，主要就是由以皮耶克尼斯为首的挪威学派建立起来的。1939 年罗贝斯创立的长波理论，强调了气象学与热力学、动力学的关系，充实了天气分析与预报的理论基础，为数值天气预报的兴起开创了条件。1950 年，锐尔和叶笃正首次用观测资料证实了哈得来环流的存在。

在世界各国开展大气环流研究以建立天气预报系统的过程中，我国也在 20 世纪 30 年代踏入了这一领域。那时，我国著名气象学家涂长望提出：中国天气是东亚天气的一部分，要研究中国的天气就必须从大气环流的整体观点出发，研究东亚大气环流与世界大气环流。这一论点不仅在当时是先进的，现在也依然对气象预报具有指导意义。

▲ 涂长望

30 年东亚大气环流研究
开创中国天气预报业务模式

20 世纪 50 年代，中国科学院地球物理研究所（中国科学院大气物理研究所的前身）与军委气象局合作设立了联合天气分析中心，进行天气预报工作，由此开始了中国气象研究与天气预报合作的历史。

在实践工作中，地球物理所的科研人员认识到：东亚大气环流对我国的气候变化有着重要的影响。他们通过对东亚特有的海陆分布及青藏高原的地理特性分析，深入研究了高原热力学、动力学等理论，取得了一大批国际性成果。这些成果系统分析了东亚大气环流的运动规律，揭示了东亚大气环流对中国气候的影响机理，取得了一系列原创性的气象研究成果，并多次为国外科学家所引用。这些成果的取得为我国 20 世纪 80 年代建立数值天气预报模式奠定了坚实的基础。

20 世纪 50 年代，中国科学院地球物理研究所气象研究室在《泰勒斯》（*Tellus*）杂志上发表了论文《东亚大气环流》。他们在论文中阐述了东半球冬季和夏季对流层中层（5.5 千米左右）的气流分布；分析了冬季和夏季不同经度的风、温度的

▲ 叶笃正

垂直方向和南北方向的分布；此外，论文还对北半球大范围空气垂直运动的分布、半球热源热汇的计算等内容进行了研究。1958 年，科学出版社出版了叶笃正和朱抱真合著的《大气环流的若干基本问题》一书。该书是国际上公认的关于大气环流动力学最早的著作。该书系统地讨论了北半球大气环流的特征和大

气环流变化的基本因子，深入分析了准地转运动、大气长波在能量和动量输送中的作用等大气动力过程，详细阐述了大气中热量、角动量、能量的平衡，急流的形成与维持，西风带上的低气压槽和高气压脊的形成，长波的稳定性等一系列基本问题。

▲ 陶诗言

1957 年，陶诗言和陈隆勋发表了论文《夏季亚洲上空大气环流的结构》。论文指出，在春季到夏季的过渡时期，亚洲上空的大气环流有一个跳跃的转变。1958 年，叶笃正、陶诗言和李麦村在此文基础上发表了论文《在 6 月和 10 月大气环流的突变现象》。论文提出的大气环流突变现象在国内外学术界产生了广泛的影响。而在国外，直至 20 世纪 80 年代，气候突变问题才成为科学界的热门话题。

此外，研究人员还针对青藏高原对大气环流的影响进行了研究。研究指出，青藏高原对大气运动的影响分为如下三种。

机械动力作用　这种动力作用影响的范围很广，从地方性环流到全球范围的环流都受高原牵制。

热力影响　地表接收太阳辐射在一天内的变化和一年内的季节变化，都与山脉的坡度、走向有关，也与山脉高度有关。暖空气遇冷空气向上爬升，形成对流。局部地区夏季平坦地面过度受热，也会形成对流。这种对流十分强劲，对四周气流有阻碍作用。高原上山峰林立，形成一个个"热岛"，加强了高原的对流活动。这种对流活动对气流的影响相当于增加了高原的有效高度。

气流作用　气流过粗糙面时，形成貌似杂乱无章的湍流。近地面摩擦在高原表面时使气流减速，而离高原较远处则照常行进，因而会产生地方性涡旋。

1980 年 东亚大气环流成为中国天气预报业务模式

这些研究成果的取得以及之后在天气预报中的不断实践，验证和发展了东亚大气环流的研究体系，为准确高效地揭示东亚天气、气候特征提供了必要的保证，充分证明了东亚大气环流研究的重要意义。

1980 年，中国科学院大气物理研究所与北京大学地球物理系、中央气象台合作成立了联合数值预报室，将东亚大气环流研究的一系列成果发展成中国天气预报的业务模式。1982 年，中央气象台按此模式做出 72 小时数值的天气预报，结果显示：对中高纬度西风带环流形势演变具有较好的预报效果。该成果获 1987 年国家自然科学奖一等奖。

成绩辉煌　任重道远

从现代气象的系统研究回看 20 世纪 80 年代的成果，温故而知新，仍然能看到非常多的亮点。80 年代我国处于改革开放初期，国外存在很多技术壁垒，国内缺乏系统的观测，也缺少国际交流和技术资料。在那个时代，老一辈科学家立足国内，利用有限资料做出国内外一流的工作，特别是以叶笃正、陶诗言为首的气象学家，以东亚大气环流为着眼点，从动力、诊断和机理等方面做出了世界一流的成果，这些成果至今仍然指导着我国气象气候业务预报。

20 世纪 80 年代后，现代工业的发展和科学技术的进步，特别是计算机技术和卫星技术的发展，极大地开阔了我们的视野，从深海到深空，探测技术和互联网技术的高速发展、超级计算机时代的来临，都使地球系统科学及其与相关科学的相互促进得到迅猛发展。从东亚大气环流模型的提出到全球气候变化的研究，从手绘天气图到现代化气象预报，从单点观测到三维立体观测技术，从靠经验的统计预报到高分辨无缝隙预报，气象现代化经历了高速的发展，气象业务和观测系统等得到国家和社会的大力投入，天气气候预报的准确率得到很大提升，气象科学也得到前所未有的关注和发展，"智慧气象"的理念更加深入人心。

　　回首昨天，老一辈科学家留给了我们最大的财富；审视现在，气象现代化的发展得到全民的关注；展望未来，交叉科学以及技术革命将带给我们全新的挑战。由于新的科学问题及社会需求不断涌现，天气预报和气候预测仍存在不少问题。全球变化及其相关的地球环境变化成为大气科学的重要研究方向，在全球变暖背景下的极端天气气候灾害更成为研究焦点。新技术时代对传统的数值模拟等研究也提出了新挑战。如何适应和应对气候变化？如何更及时地预报极端天气气候灾害？如何制定相应的政策适应和减缓气候变化的影响？这些都是当今面临的问题。在防灾减灾、可持续发展、经济发展与环境保护、气候行动等领域，我们未来要走的路还很长。

（图文／中国科学院大气物理研究所）

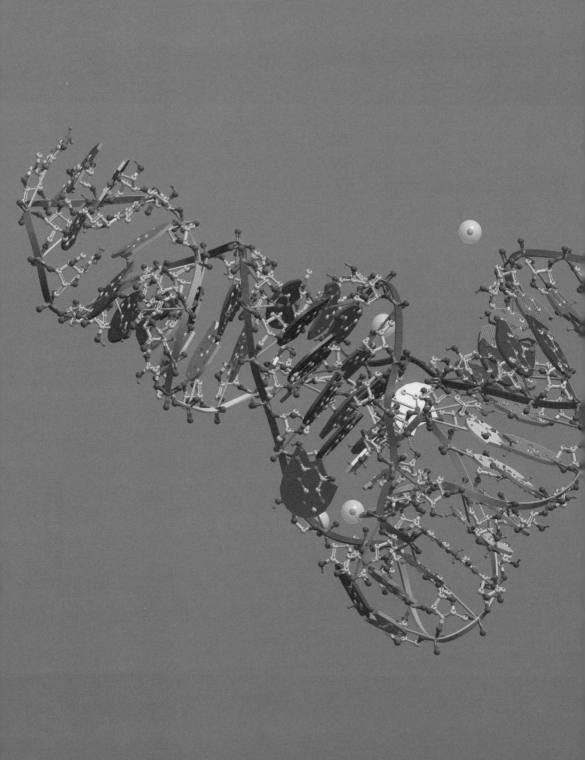

1981年

人工合成酵母丙氨酸转移核糖核酸

　　1981年11月20日，我国继1965年在世界上首次合成蛋白质——结晶牛胰岛素后，又在世界上首次合成核酸——酵母丙氨酸转移核糖核酸。这一历时13年，由4个研究所、1所大学和1个工厂共同参与并最终完成的科研成果，凝聚了我国科技工作者的集体智慧，同时也体现了他们严谨的科学态度，得到了国内外专家的一致肯定。该成果获得1984年中国科学院重大科技成果奖一等奖、1987年国家自然科学奖一等奖和1991年陈嘉庚生命科学奖。

向生命基质——核酸进军

1965 年，我国在世界上首次合成蛋白质——牛胰岛素，并获得与天然牛胰岛素完全相同的结晶。此后，中国科学家开始思考下一步工作，经过各界的热烈讨论，与蛋白质同为生命活动最基本物质的核酸的合成工作，进入了科学家的视野。

要合成核酸，就要选择合适的合成对象，合成对象的正确与否直接关系到实验的成败。科研小组选择了酵母丙氨酸转移

▲ 酵母丙氨酸转移核糖核酸的结构图

核糖核酸（tRNA$_y^{Ala}$）。这是因为：人工合成 DNA 虽然比合成 RNA 容易得多，但当时还没有一个 DNA 分子的序列被测定，直到 1977 年，第一个 DNA 全序列才由英国桑格工作组完成，而 tRNA$_y^{Ala}$ 作为世界上第一个被全序列测定的 RNA 分子，其测定工作已由美国霍利领导的工作组于 1965 年完成；tRNA 分子较小、功能明确，易于在实验室里测定其生物活性，同时 tRNA 表现功能时与其他许多生物大分子有密切关系，可为进一步开展 tRNA 的结构与功能研究创造有利条件；此外 tRNA$_y^{Ala}$ 来源于酵母，含量较高，比较容易提取和制备。于是，tRNA$_y^{Ala}$ 就成为合成核酸的首选考虑对象。

1967 年，人工合成酵母丙氨酸转移核糖核酸课题上报国家科委，1968 年年初国家科委批复同意开展此项研究，1968 年秋中国科学院发文批准这项研究课题，并指定上海由当时的生物化学研究所负责，上海实验生物研究所（后改名为上海细胞生物学研究所）和上海有机化学研究所参加；北京由当时的生物物理研究所负责，微生物研究所、遗传研究所和动物研究所参加。1978 年，经过调整，中国科学院保留四个研究所参与工作，即上海生物化学研究所、上海细胞生物学研究所、上海有机化学研究所和北京的生物物理研究所。此外，北京大学生物系和上海化学试剂二厂也先后参加本项工作。

"环卫"科学家首次合成核酸

tRNA$_y^{Ala}$ 由 76 个核苷酸组成，除了 4 种常见核苷酸——腺苷酸（Ap）、鸟苷酸（Gp）、胞苷酸（Cp）和尿苷酸（Up），还含有 7 种（9 个）稀有核苷酸——1 个 1- 甲基 Gp（m^{1}Gp）、2 个二氢 Up（Dp）、1 个 2- 二甲基 Gp（m$_2^2$Gp）、1 个肌苷酸（Ip）、1 个 1- 甲基肌苷酸（m^{1}Ip）、2 个假尿苷酸（ψp）和 1

个核糖胸腺苷酸（Tp）。基于 $tRNA_y^{Ala}$ 的这一特殊结构，同时结合国外已有成果，研究小组确定了先分头合成两个半分子（5′半分子和 3′半分子），然后将它们连接得到完整的 $tRNA_y^{Ala}$ 分子的大路线。

合成路线确定之后，合成原料核苷酸的生产就成为第一步工作。这主要是由东风生化试剂厂与上海化学试剂二厂承担的。这方面的工作非常艰难。拿假尿苷酸的生产来说，它需要用人尿为原料，人尿中假尿苷含量高，经过磷酸化才能得到假尿苷酸。于是研究人员在公共厕所放了一些桶收集人尿，然后再分离。由于用量很大，同时为了克服公共厕所收集到的人尿可能带病的问题，研究人员后来找到上海警备区合作。研究人员放了几个桶到部队的厕所里，定期去拿，然后用卡车拉到上海试剂二厂。可以说，研究人员合成 $tRNA_y^{Ala}$ 的工作是从做"环卫

▲ 中国科学院院士、生物化学家王德宝（右二）与科研人员在一起

工人"起步的。

在具体的合成方法上，研究小组最初采用了化学合成的方法。但实践证明，这一方法效率很低，不仅合成产率低下、副反应多（它比脱氧核糖核苷酸多了一个 2′ 位羟基），而且副反应产生的集团还非常活跃，必须加以保护，此外稀有核苷酸的保护也是化学反应必须考虑的内容。面对困难，研究小组又把目光投向了刚发现不久的 RNA 连接酶。王应睐、王德宝给他们认识的一位美国科学家写信，得到了相关的菌种。之后，研究小组制备出了 RNA 连接酶。研究人员首先使用化学或酶促方法合成了许多小片段，随后用 RNA 连接酶先将小片段拼接成中片段，得到了两个半分子，然后再将两个半分子相连接就得到了 tRNA$_y^{Ala}$ 整分子。经专家鉴定，人工合成得到的 tRNA$_y^{Ala}$ 分子与天然的 tRNA$_y^{Ala}$ 分子结构完全相同，而且合成的产物具有高达 70% ~ 80% 的生物活性。这标志着我国继 1965 年 9 月在世界上首次合成蛋白质后，又在世界上首次合成了核糖核酸分子—— tRNA$_y^{Ala}$。

这项工作的创新点主要是：

在合成路线的试探过程中，用天然分子做模型，确定了半分子合成路线，为全合成打开了通路。

分子中含有位置正确的 7 种（9 个）稀有核苷酸。实验结果表明稀有核苷酸对于 tRNA 的活性是至关重要的，这也是我国工作与外国同类工作的最大差别。

对 T4 RNA 连接酶的性质进行了非常深入的研究，提出并坚守将该酶用于合成工作的信念，并把化学与酶促合成方法有机结合起来，最终取得成功。

发展了合成和测定活性的少量和微量方法。最终找到一个只需 7 微微克（7×10^{-12} 摩尔）样品即可测定生物活性的方法。这大大节省了样品，也节省了合成的工作量。

13 年磨一剑
奠定中国核酸合成世界领先地位

20 世纪后期，国外也在进行类似的 tRNA 人工合成研究。如 1981 年日本科学家合成了一个大肠杆菌甲酰甲硫氨酸 tRNA 分子，但其活性只有天然 tRNA 的 6%，且合成产物不含天然分子稀有核苷酸。1988 年加拿大科学家合成的 tRNA 也不含核苷酸，活性只有天然的 11%。1992 年法国科学家合成的大肠杆菌丙氨酸 tRNA 虽含有 76 个核苷酸，但只有 3 个稀有核苷酸，活性只有天然的 42%。因此，我国的这项成果无论在完成时间还是在生物活性结果上，都居于世界领先地位。

该成果先后获得 1984 年中国科学院重大科技成果奖一等奖、1987 年国家自然科学奖一等奖和 1991 年陈嘉庚生命科学奖。此外，王德宝由于领导 $tRNA_y^{Ala}$ 的人工全合成工作所取得

▲ "酵母丙氨酸转移核糖核酸的人工全合成"项目获 1987 年国家自然科学奖一等奖

的突出成果，于 1996 年获何梁何利基金科学与技术进步奖（生命科学奖）。1998 年 11 月 25 日，王德宝向中国革命博物馆捐赠了他珍藏的、在人工合成 $tRNA_y^{Ala}$ 工作中撰写的文章、材料底稿，以及中国科学院领导给他的贺信。

　　从 1968 年中国科学院批文算起，该项研究前后进行了约 13 年。这一成果的取得不仅标志着我国核酸合成研究领域达到了世界最高水平，更重要的是培养了一大批该领域的专业科技人才，为我国核酸合成以及与此相关的生物化学、基因工程等其他领域的研究攀登世界科学高峰，奠定了坚实的基础。

（图文／中国科学院生物化学与细胞生物学研究所*）

1981年
人工合成酵母丙氨酸转移核糖核酸

---

* 2000 年，该单位由上海生物化学研究所与上海细胞生物学研究所整合后成立。

1982 年

人工合成天然青蒿素

　　青蒿素是当今世界上最为有效的抗疟药。中国继首次在世界上发现抗疟特效药——青蒿素之后，于 1982 年在人类的抗疟史上创造了又一个奇迹——完成了天然青蒿素的合成工作。这意味着大规模利用青蒿素抗疟成为可能，意味着当时世界上 5 亿多疟疾患者有了生的希望。正如世界卫生组织所作的评价："没有你们，更多人将死去。"这项成果及后续工作荣获 1987 年国家自然科学奖二等奖。

疟疾与青蒿素

疟疾是世界上最严重的传染病之一。根据世界卫生组织估计，2016 年全球共发生 2.16 亿疟疾病例，而在 20 世纪 70 年代，这个数字超过了 5 亿。在大多数疟疾流行国家中，贫穷和弱势人群受疟疾影响严重，因为他们缺乏可利用的卫生设施，而且几乎不能承担相应治疗的费用。

在与疟疾的抗争中，中国研制的青蒿素类抗疟药是一件最有效的利器，是数亿外国人眼中的"中国神药"。这一目前效果最佳的抗疟特效药，是 1967 年 5 月 23 日在毛泽东主席和周恩来总理的直接关怀下，在国务院专门成立的"5·23"办公室具体指导下，由国家部委、军队直属和 10 个省（区、市）及有关军区的数十个单位组成的大协作团队攻关研制成功的。其中，

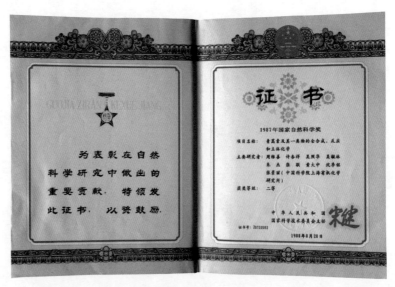

▲ "青蒿素及其一类物的全合成、反应和立体化学"项目获得 1987 年国家自然科学奖二等奖

中医研究院屠呦呦及其研究组成员于 1972 年发现了提取和纯化青蒿素的方法，有效地降低了疟疾患者的死亡率。国人骄傲地称之为"中国医学界的两弹一星"，在国际上被誉为"20 世纪下半叶最伟大的医学创举"。2015 年 10 月，屠呦呦因发现青蒿素获得诺贝尔生理学或医学奖，她也是第一位获得诺贝尔科学奖的中国本土科学家。

在抗疟特效药青蒿素的研制过程中，中国研究者作出了绝无仅有的贡献。1972 年青蒿素被成功分离。1976 年青蒿素结构被测定，它向世人展示了一类全新的化学结构，由此世界抗疟研究史掀开了新的华丽篇章。1978 年，青蒿素抗疟研究课题获全国科学大会国家重大科技成果奖；1979 年，青蒿素研究成果获国家科委授予的国家发明奖二等奖；1982 年青蒿素人工合成（或全合成）的成功再获 1987 年国家自然科学奖二等奖。

本文选取 1982 年人工合成天然青蒿素的科研攻关过程作一回顾，向在青蒿素抗疟药研制和推广过程中作出奉献的所有英雄——有名的和无名的，致以深深的敬意！

改革之年　青蒿素全合成立项

1978 年全国科学大会召开，制订的科技规划中把青蒿素全合成这一基础性极强的研究项目提了出来。

立项意义可归结为三点，一是确认结构。从化学家角度来看，结构确认最令人信服的途径就是把它合成出来，证明相同。换言之，全合成在结构测定中是一项不可或缺的工作。二是提升合成水平。青蒿

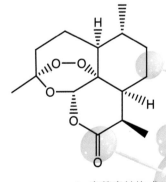

▲ 青蒿素结构式

素是一个含过氧的倍半萜内酯化合物，结构奇特，分子中罕见的过氧以内型方式固定在二个四级碳上而成"桥"，架设有难度；分子中 15 个碳有 7 个是手性碳，其构型必须在反应中有效控制。就当时我国的合成水平而言，这既是挑战，更是一次机遇。三是为过氧化合物的合成打基础。1990 年另一个含过氧抗疟活性组分鹰爪甲素全合成的成功就是最好的印证。

中国科学院上海有机化学研究所，作为青蒿素结构测定的主持单位，受命承担起了该项攻关任务。1979 年年初，周维善、许杏祥等人组成的攻关小组开始了历时五年的探索之路。

▲ 周维善（左）与许杏祥（右）

探索之路周折多　贵在坚持

前两年的研究工作围绕结构测定所获信息展开，欲求构建正确的倍半萜碳骨架。然而攻关小组发现 7- 位碳构型极易发生转换，此结果出人意料，还费尽不少周折。当得知国外有同类工作正在进行时，研究目标有必要做出调整，攻克过氧桥架设这一关键显得更为迫切。

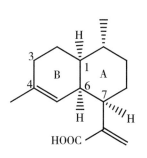

▲ 青蒿酸结构式

综观青蒿植物中已被分离的其他倍半萜化合物，攻关小组把目光投向了青蒿酸。因为与青蒿素相比较，青蒿酸不仅在植物中含量高，而且分子中所含碳的数目与青蒿素相同，是一个理想的起始物。于是，以青蒿酸为"接力棒"，一个接力合成的思路纳入了研究计划。

一个思路是模仿生源合成。若能向青蒿酸 B 环确定的位置加入三个氧原子，那就是青蒿素。大自然做到了这样的转变，那么在实验室里该如何演绎呢？按设计，单线态氧（一种在光敏剂促进下光照产生的激发态氧）被选为反应试剂。把它与青蒿酸反应，试验后居然拿到了 10% 产率的青蒿乙素，这个已有文献报道须经十数步反应才能制备出来的产品，在这里竟然可以通过一步转换而得。其意义在于首次用实验证明了青蒿酸是青蒿倍半萜类化合物的生源合成前体。

从机理来分析，上述反应过程曾发生 4- 位碳上过氧基的引入，那么能

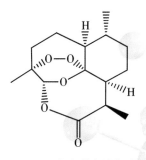

▲ 类青蒿素结构式

否捕捉该过氧基并架桥呢？攻关小组对反应条件和处理方式几经摸索，最终从双氢青蒿酸制备出了一个类青蒿素。它与青蒿素相比，结构上的差别是醚氧和内酯氧的联结点换了位。由于过氧桥的存在，测试显示，它有与青蒿素相同的抗疟活性。

上述结果使攻关小组进一步认识到，在6-位构建一个能引入过氧基的官能团很重要！实际上，在最初的合成设计中以及前两年的探索研究中，从6-位酮基化合物出发，研究小组已多途径地尝试解决这个问题，但是均未成功，因而使其成为合成中的一个"瓶颈"。

破"瓶颈"搭桥成功 "全合成"圆梦中国

如何突破此"瓶颈"，另一个思路是把青蒿酸 B 环的双键进行转换。双键断裂可同时生成醛和酮，特别是6-位醛基的生成提供了制备官能团的条件。因而问题的焦点转向了选择什么样的官能团才能引进过氧并实现6-位过氧基和醛基的同时生成。攻关小组选择了烯醇醚，一个烯醇甲醚官能团可由双氢青蒿酸经数步反应制备而得。

正是这个选择给最后的成功带来了希望。作为"前哨战"，把设计的这个烯醇醚化合物首先与双羟化试剂进行反应，制备得到了预期的产物青蒿丙素，产物单一，显示了好的立体选择性。接着大胆试验它与单线态氧反应，在光敏剂存在下，在通氧、光照和低温（-70℃）条件下进行反应，同样取得了正结果。一个过氧中间产物被分离和鉴定，证明过氧桥被引入到了预定的位置，令人振奋！1983 年 1 月 6 日，天然青蒿素合成出来了，国内率先，国际上几乎与瑞士罗氏公司同时。中国科学院将其列为 1982 年度院科研成果。时任院长卢嘉锡在 1983 年全院工作会议上的报告（摘要）中这样说道：

▲ 1983年1月6日，青蒿素合成研究组合影

青蒿素是一种高效、速效、低毒的新抗疟药。具有奇特的结构。人工合成的难度很大。青蒿素这一新化合物的发现、提纯和临床应用，结构和构型的阐明，以至人工合成的实现，都是由我国科技、医务工作者完成，就显得很有意义。

按"接力合成"思路，研究小组踏上了合成的第二个征程，从香草醛出发，为构建含五个手性碳的双环倍半萜化合物而努力。碰到的第一个难点仍是 7- 位碳的立体化学问题。为此研究小组设计了新的反应底物，尝试了不同的反应条件，最终使生成的 7- 位碳不同构型产物的比例能够得到有效的调控，并达到期望的最佳效果。这里特别值得提出的是，新设计底物中任意选用的一个苄基保护基产生了一个始料未及的效果，它不仅使不同构型的两个产物可以在核磁中得以辨认、便于调控，而且期望构型的产物是固体，利于纯化，令人惊喜。

合成的第二个难点出现在将 4- 位酮基转换成 Δ^4- 双键这一关键步骤中。由于生成的是一个 Δ^4- 和 Δ^3- 双键位置异构体的混合物，性质相似，若不能有效分离，那就意味着接力合成的路线没有贯通。在当时没有先进分离设备的情况下，科研人员凭着他们娴熟的分离技巧，硬是通过硅胶柱层析把期望的含 Δ^4- 双键的产物近乎定量地分了出来，确保了后继反应的顺利推进。1984 年年初，双氢青蒿酸全合成实现，宣告了青蒿素全合成的成功。这项研究成果获 1987 年国家自然科学奖二等奖。

上海有机化学研究所青蒿素合成组的研究人员在当时的科研条件下，在充满困惑、惊喜和不断的坚持中，不辱使命，交出了一份完整的答卷，使青蒿素系列工作圆梦中国，在世界青蒿素全合成研究的领域里有了自己应有的一席之地。

全球抗击疟疾　使命在肩

1977 年，论文《一种新型的倍半萜内酯——青蒿素》发表于《科学通报》，青蒿素的结构被公之于众。青蒿素，作为继乙胺嘧啶、氯喹、伯氨喹之后最有效的抗疟特效药，瞬间成了世人皆知的明星药，帮助深受疟疾之害的国家和人民战胜疟疾这种致命传染病。

据世界卫生组织的统计，2016 年，各国共采购 4.09 亿个疗程以青蒿素为基础的复方药物。青蒿素结构的公开和全合成的实现，为青蒿素衍生药物的开发奠定了基础，但因其本身工艺复杂、成本太高而不能投入生产。世界上青蒿素药物的生产主要还是采用从野生和栽培的青蒿中提取青蒿素的方法，然而，青蒿中青蒿素的含量非常低，只有 0.1%～1%。而且由于植物生长的固有周期以及其他一些限制因素，导致从植物中提取天然青蒿素的产量十分有限，又因为生产周期长，提取工艺复杂，价格昂贵，导致其供应量无法满足疟疾患者的医治需求。随着合成生物学技术的不断发展，美国合成生物学家科斯林等人运用合成生物学方法在酿酒酵母中合成了抗疟疾物质青蒿素的前体物质青蒿酸。2013 年，法国赛诺菲制药公司已经将这项技术应用于药物生产中，但仍存在成本制约问题，难以实现工业化大批量生产。

根据世界卫生组织 2017 年 11 月发布的《世界疟疾报告》，2016 年全球有 2.16 亿例疟疾病例，比 2015 年的 2.11 亿例有所上升。青蒿素是中国为世界疟疾患者带来的福音。使命在肩，我们有必要进一步加强对青蒿素的研究与生产，为抗击疟疾作出更多积极的贡献。

（图文／中国科学院上海有机化学研究所　许杏祥）

1982 年
人工合成天然青蒿素

多引和 Bays

$STS(v)$.

(S, B)

之的子 $It \downarrow w$

$\times I_3$ 构成)

构成的 T_1

《原子

一. 古代关于物

自然界的物质,

化中,又量子有线

1. 自然界的物

2. ~~零大小、重~~

关于某一个问题的

意见,各种具体的

两套系的有 古

等的后继。古

至相反的 Arist

古代哲学对此

1983 年

攻克不相交斯坦纳三元系大集难题

1983 年，中国数学家陆家羲在国际上发表了关于不相交斯坦纳三元系大集的系列论文，解决了组合设计理论研究中多年未被解决的难题。国际组合数学界权威人士评价：陆家羲的研究成果是 20 多年来世界组合设计中的重大成就之一。这项研究成果获得 1987 中国自然科学界的最高荣誉——国家自然科学奖一等奖。

中学物理教师出身的数学家

提起中国近现代数学家，华罗庚、苏步青、杨乐、陈省身等都是我们耳熟能详的名字，但对中国 20 世纪 80 年代一位享誉世界的数学家——陆家羲，却知之者甚少。他是包头市第九中学一位平凡的物理教师，但当世界著名组合数学家门德尔松教授和班迪教授来华讲学时，却点名要见他，因为就是这样一位普通教师，摘取了数学王冠上 130 年无人企及的那颗明珠——斯坦纳系列，从而成就了中国组合学在世界数学界的地位。

年少初恋 "寇克曼女生"

▲ 陆家羲

1850 年，英格兰教会的一个区教长寇克曼提出了一个有趣的问题：一女教师每天下午都要带领她的 15 名女学生去散步。她把学生分成 5 组，每组 3 人，问怎样安排，才能在一周内，使每 2 名学生恰有一天在同一组。对于这一问题，寇克曼本人于第二年给出了一种解答。但这只是 $n = 15$ 的情况，当 n 为任意可分的正整数时，上述编组能够实现的充分必要条件并没有被证明。这是一种组合设计的存在性充要条件问题，100 多年来未能被解决。为纪念寇克曼这位在数学研究上的自学成才者，人们把这个著名的数学难题称为 "寇克曼女生问题"。

1957年，陆家羲在读《数学方法趣引》时，喜欢上了"寇克曼女生"。为了更加有效地解决这一难题，他于1957年秋进入吉林师范大学（现东北师范大学）求学。在四年大学生活中，他不仅刻苦研读了大量数学专著，而且积极求教，尽一切努力，力求发现"寇克曼女生"的奥秘。当大学生活结束时，他已经完全解决了困扰数学界100多年的"寇克曼女生问题"，此时他才26岁。

1961—1978年，陆家羲把这一成果先后写成《寇克曼系列与斯坦纳系列制作方法》《平衡不完全区组可分解不完全区组的构造方法》等多篇论文，但由于种种原因，一直没能发表。1979年4月间，他在1974年和1975年于美国出版的世界组合数学方面的权威性刊物《组合论杂志》中意外地发现：寇克曼问题以及推广到四元组系列的情况，已于1971年和1972年被两个意大利数学家解决，这比他对这个问题的解答几乎晚了10年，然而意大利数学家却在世界"夺魁"了。以至于陆家羲在一封信中写道：

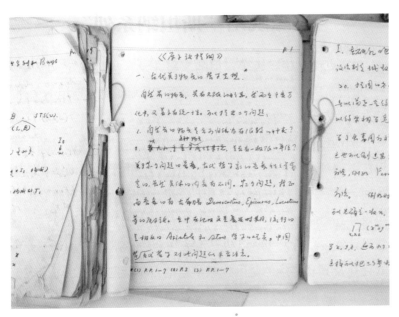

▲ 陆家羲书稿

这些时间比我要迟 7 至 10 年，而我的稿子至今还无着落……这也说明我过去的工作是有意义的。这一段历史有 18 年，我的第一个孩子、精神上的孩子，她有 18 岁了。可是她的命运真不好，18 年，在人的一生中不算短，对现代科学来说，更是一个漫长的时期，难道这里不寓有什么教训吗？

但直到他逝世后，我国数学界才认识到：陆家羲 1965 年的遗作确已先于查德哈里和威尔逊至少 6 年解决了有名的"寇克曼女生问题"，就是说关于"寇克曼女生问题"，陆家羲的工作在世界上是领先的。这一迟到的认可，使我国组合数学方面的一个具有里程碑意义的成就少了一次领先世界的机会，这不仅对陆家羲个人，而且对我国数学界在世界中的地位都是一个重大的损失。

良缘晚结"斯坦纳系列"

"寇克曼女生"走了，但陆家羲并没有灰心丧气，而是以更大的热情与世界数学界的另一个百年未解难题"斯坦纳系列"交上了朋友。

"斯坦纳系列"是瑞士数学家斯坦纳在研究四次曲线的二重切线时遇到的一种区组设计 (v, 3, 1)，由于区组设计在有限几何、数字通信等方面有着重要作用，同时斯坦纳所研究的区组设计在整个区组理论设计中具有最基本的意义，所以这一区组设计就被命名为"斯坦纳三元系"。但如何证明斯坦纳三元系的存在及其充要条件是困扰数学家的百年谜题。虽经过诸多努力，但"斯坦纳系列"的堡垒还是没被攻克。以至于《组合论杂志》悲观地预测："这个问题离完全解决还很遥远。"

1979 年 10 月，陆家羲的科研取得了重大突破。他在寄给《组合论杂志》的信中，预告了自己已经基本解决了"不相交斯坦纳三元系大集"。该杂志的复信称："如果属实，将是一个重要的结果"，因为"这个问题世界上许多专家都在研究，但离完全解决还十分遥远"。1981 年 9 月 18 日起，《组合论杂志》陆续收到陆家羲题为"论不相交斯坦纳三元系大集"的系列文章。加拿大著名数学家、多伦多大学教授门德尔松说："这是 20 多年来组合设计中的重大成就之一。"加拿大多伦多大学校长斯特兰格威在致包头九中校长的信中说："门德尔松教授认为陆家羲是闻名西方的从事组合理论的数学家，有必要把他调到大学岗位，这样的调动对发展中国的数学具有重要的作用。"他还称陆家羲为中国"处于领先地位的组合数学家"。美国《数学评论》主管编辑阿门达立斯给陆家羲来信，请他担任《数学评论》的评论员。1983 年 10 月，陆家羲作为唯一被特邀的中学教师参加了在武汉举行的第四届中国数学会年会，会上除了报告自己的工作外，还告诉大家对"斯坦纳系列"中六个例外值已找到解决途径，正在抓紧时间整理。

▲ 陆家羲在国外发表的论文

迟到的认可不遗憾

年会结束后，陆家羲于 1983 年 10 月 30 日下午 6 时回到包头，31 日凌晨心脏病突然发作，猝然与世长辞，年仅 48 岁。

陆家羲逝世后，斯特兰格威发来唁电，国内著名学者、专家纷纷致函或发表文章，表达对逝者的钦佩和哀悼。中共包头市委、市政府对陆家羲的病逝表示深切哀悼，决定在包头九中设立"陆家羲奖学金"。1983 年 12 月 21 日，《人民日报》《光明日报》以及《内蒙古日报》，同时在显著位置刊登了新华社发自呼和浩特的消息："一位地处边陲的中学教师……完成了两项在组合计算领域内具有国际水平的第一流工作……"次年，"向优秀知识分子陆家羲学习表彰大会"在包头市召开。1984 年内蒙古科委和包头市科委委托内蒙古数学分会，邀请国内十几名组合数学专家、教授在呼和浩特市召开陆家羲学术工作评审会，会议认为：陆家羲的学术成果，除几个有限集外，全部科学结论是正确无误的。会议建议给予这位优秀的科学家国家自然科学奖，并设法出版陆家羲文集，以纪念这位英年早逝的数学家在"不相交斯坦纳三元系大集"解决中所作出的卓越贡献。

▲ 宣传陆家羲事迹的报刊

1989 年 3 月，陆家羲妻子张淑琴代表他参加了在人民大会堂举行的 1987 年国家自然科学奖颁奖大会，从党和国家领导人手中接过自然科学界的最高荣誉——国家自然科学奖一等奖。

▲ "关于不相交 STEINER 三元系大集的研究" 项目获国家自然科学奖一等奖

（文 / 李剑　图 / 包头市第九中学）

1983 年
攻克不相交斯坦纳三元系大集难题

GENERATING FUNCTIONS
FOR CONTACT MAPS

Admissible Normal Darboux matrix

for Near-1 Homogeneous Symp maps in R^{2n}

$$\alpha = \begin{pmatrix} -J & J \\ C & D \end{pmatrix}, \quad C = \frac{1}{2}\underset{2n+2 \ 2n+2}{(I + JB)} \quad D$$

$$B = \begin{pmatrix} 0 & \beta' \\ \beta & 0 \end{pmatrix} \iff \underset{2n+2}{JB} = \begin{bmatrix} \beta & 0 \\ 0 & -\beta' \end{bmatrix}$$

$$\iff C = \begin{pmatrix} c & 0 \\ 0 & I-c' \end{pmatrix}$$

$$p = \begin{pmatrix} p_0 \\ p_1 \end{pmatrix} \qquad\qquad D = \begin{pmatrix} I-c & 0 \\ 0 & c' \end{pmatrix}$$

$$q = \begin{pmatrix} q_0 \\ q_1 \end{pmatrix}$$

$$\begin{pmatrix} \bar{p} \\ \bar{q} \end{pmatrix} = \begin{pmatrix} c & 0 \\ 0 & I-c' \end{pmatrix}\begin{pmatrix} \hat{p} \\ \hat{q} \end{pmatrix} + \begin{pmatrix} I-c & 0 \\ 0 & c' \end{pmatrix}$$

Generating fcn $\phi(p, q)$, $\quad \phi(\lambda p) = \lambda \phi(p, q)$

Symp map $\begin{pmatrix} p \\ q \end{pmatrix} \to \begin{pmatrix} \hat{p} \\ \hat{q} \end{pmatrix}, \quad \begin{cases} \hat{p} = p - \phi_q(\bar{p}, \bar{q}) \\ \hat{q} = q + \phi_p(\bar{p} \, \bar{q}) \end{cases}$

Define $\psi(x \, y \, z) = \phi(1, y)$

$p_0 \psi(\frac{p_1}{p_0}, q_1, q_0) = \phi(p_0 \, p_1 \, q_0 \, q_1) \qquad \phi(p_0 \, p, q_0 \, q$

$\psi_e = \psi - x\psi_x \quad \phi(p_0 p_1, q_0 q_1) = p_0 \psi(\frac{p_1}{p_0}, q_1, q_0) = p_0 \psi(x,$

1984 年

首次系统提出
辛几何算法

　　1984 年，国际著名数学家、我国计算数学事业的主要奠基人和开拓者、中国科学院院士冯康，在北京微分几何与微分方程国际会议上，首次系统提出了哈密尔顿系统的辛几何算法。这一成果开创了将计算物理、计算力学和计算数学相结合的、富有活力及发展前途的前沿研究领域。美国科学院院士 P. 拉克斯教授评价："冯康提出并发展了求解哈密尔顿型演化方程的辛几何算法，理论分析及计算实验表明，此方法对长时计算远优于标准方法。"该成果于 1990 年获得中国科学院自然科学奖一等奖，1997 年获得国家自然科学奖一等奖。

年过花甲　勇探哈密尔顿体系

冯康生于 1920 年 9 月 9 日，于 1993 年 8 月 17 日因病逝世，毕生从事数学研究，从纯粹数学、应用数学到计算数学，成就卓著。他是国际著名数学家，我国计算数学事业的主要奠基人和开拓者，中国科学院院士。早在 20 世纪 60 年代，冯康就独立于西方创始了有限元方法，如今这一成就已为全人类所共享。20 世纪 80 年代，他已功成名就，享誉国际，但在花甲之年，却毅然决定进入一个全新的研究领域，去研究哈密尔顿系统的辛几何算法，并为此耗尽了生命最后十年的全部心血。是什么促使他做出这一决定呢？

20 世纪 80 年代初，冯康院士在成功地创始了有限元、解决了以静态问题为背景的椭圆型偏微分方程的数值方法后，开始重点考虑如何有效求解动态问题。在求解该类问题时如何保证长时间计算的可靠性，更是他关注的焦点。因为他发现，传统的算法除少数例外，几乎都不可避免地带有人为耗散性等歪曲体系特征的缺陷，而这一缺陷可能导致长时计算结果全然不同。因此研究动态问题，特别是动态问题中非常重要的哈密尔顿体系的计算方法，是亟待解决的重要课题。

冯康曾在中国物理学年会上提出：

▲ 冯康院士

▲ 冯康院士 70 岁寿辰做报告

　　在遥远的未来，太阳系呈现什么景象？行星将在什么轨道上运行？地球会与其他星球相撞吗？有人认为，只要利用牛顿定律，按现有方法编个程序，用超级计算机进行计算，花费足够多的时间，便可得到要求的答案。但真能得到答案吗？得到的答案可信吗？实际上对这样复杂的计算，计算机往往得不出结果，或者得出完全错误的结果。每一步极小的误差积累可能会使计算结果面目全非！这是计算方法问题，机器和程序员都无能为力。

　　从中不难看出冯康关注动态问题中哈密尔顿体系计算方法的原因。

　　可以说，正是为了解决动力系统的计算问题，在 20 世纪 80 年代初，他的研究方向才转向了哈密尔顿系统的计算方法，从而开辟了一个全新的有广阔应用前景的研究领域。

独辟蹊径　创始辛几何算法

当代科学计算的主要课题是数值求解各种数学物理方程，包括常微分方程和偏微分方程，它们在许多不同的科学和工程领域有广泛的应用。在数学物理方程的谱系中，列于首位的是经典力学方程。

这类方程有三种等价的数学形式体系，即牛顿体系、拉格朗日体系和哈密尔顿体系。虽然它们在表达同一物理规律时在数学上是等价的，但在对该物理现象进行研究及数值求解时却能提供不同的技术途径，从而在实践中并不等效。那么应该用什么样的方法才能有效地计算动力系统问题呢？在创始有限元方法的过程中，冯康注意到哈密尔顿力学体系，并发现唯有哈密尔顿力学体系才是可供选择的、研究动态问题最适当的力学体系。因为哈密尔顿体系形式上特有的对称性一直是物理学理论研究的出发点，一切守恒的真实的物理过程都可以表示为哈密尔顿体系。同时，由于辛几何是哈密尔顿体系的数学基础，从而与欧氏几何一样在现代物理学和力学中起着不可替代的重要作用，因此，辛几何就成了破译哈密尔顿系统计算难题的钥匙。冯康以其渊博的数学知识、深厚的学术功底，以及特有的数学直觉，抓

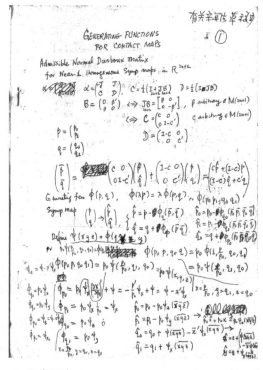

▲ 冯康手稿

住了设计哈密尔顿系统数值方法的突破口——辛几何算法。

哈密尔顿方程是特定形式的常微分方程或偏微分方程。但直到 20 世纪 80 年代,数值求解微分方程的众多方法都是从牛顿体系或拉格朗日体系出发的,而针对哈密尔顿体系的计算方法却是空白。为了填补这一空白,冯康在花甲之年开始了新的科学探索。在 1984 年北京微分几何与微分方程国际会议上,他做了题为"论差分格式与辛几何"的大会报告,首次系统提出了哈密尔顿系统的辛几何算法,由此奠定了他在辛几何算法研究领域中的领先地位。此后他组织了一支精干的队伍,继续在这一方向开展研究,其内容包括:提出了基于辛几何的哈密尔顿系统的计算方法;发展了辛变换生成函数与哈密尔顿 – 雅可比方程的系统理论;给出了产生任意阶精度辛差分格式的构造性方法;提出了保持动力系统其他结构的各类算法,实现了动力系统算法的几何化等。

冯康提出的这些新算法有保持体系结构的优点,在空间结构、对称性和守恒性方面均优于传统算法,特别是在稳定性与长期跟踪能力上具有独特的优越性。这些工作开创了将计算物理、计算力学和计算数学相结合的、富有活力及发展前途的前沿研究领域。冯康也因此获得了 1990 年中国科学院自然科学奖一等奖。

精神长存　激励后人继承发展

冯康的开创性工作不仅提供了解决动力系统计算问题的新思想和新方法,而且产生了广泛而深远的国际影响,带动了国际上一系列相关研究,促进了国际上这一方向研究工作的迅速发展。国际数学家联盟也关注这一新的研究方向,并计划邀请冯康在 1994 年国际数学家大会上再次做报告。但非常不幸,冯康于 1993 年辞世。

后来介绍辛算法的报告是由西班牙学者桑泽塞纳做的，他曾于 1987 年访问中国，听过冯康介绍辛算法，此后他也进入了辛算法这一研究领域。他没有忘记冯康对他的影响，在报告的第一张投影片上打出了"纪念冯康教授"几个大字。美国科学院院士 P. 拉克斯教授评价："冯康提出并发展了求解哈密尔顿型演化方程的辛算法，理论分析及计算实验表明，此方法对长时计算远优于标准方法。在临终前，他已把这一思想推广到其他结构。"现在，冯康的研究成果已在天体力学、分子动力学、大气海洋数值模拟等领域得到了成功应用。深入的理论分析和大量的数值实验令人信服地表明，辛算法解决了久悬未决的动力学长期预测计算问题。这一新算法的出现甚至改变了某些学科方向的研究途径，并将在更多的领域得到更广泛的应用。

1997 年 12 月 26 日，国家科技奖励大会在人民大会堂召开，冯康生前的主要合作者、多年的助手和同事秦孟兆代表他从时任国家主席江泽民手中接过了国家自然科学奖一等奖的证书，这是该奖项在一等奖多年空缺后于当年颁发的唯一一个一等奖，也是当时国家对自然科学研究成果的最高奖励。冯康的遗愿终于在他去世四年后得以实现！冯康未完成的书稿《哈密尔顿系统的辛几何算法》也终于在秦孟兆的努力下，在他逝世 10 周年之际完成并出版。在此基础上，经过修

▲ "哈密尔顿系统的辛几何算法"项目获国家自然科学奖一等奖

改和扩充，该书的英文版于 2010 年由浙江科技出版社和斯普林格出版社联合出版。为整理并发展冯康的工作，秦孟兆在退休后又连续返聘了 15 年，直至 2017 年 80 岁因病去世。

冯康的学术思想影响深远，除了他在中国科学院组建了一支辛算法的研究队伍，国内外还有一大批学者和研究人员投身于这一研究领域。研究队伍不断扩大，研究成果也不断丰富。哈密尔顿偏微分方程多辛几何算法、随机哈密尔顿系统辛几何算法、随机哈密尔顿偏微分方程多辛几何算法、随机微分方程守恒性算法等一系列新的研究成果，以及哈密尔顿多项式系统、切触系统、对系统哈密尔顿量的保持等后续发展，极大丰富了辛几何算法的理论宝库。在原子分子物理、等离子体物理、量子物理、电磁计算、随机振动、统计无线电物理等领域，也取得了应用方面的重要进展。

冯康培养的第一个博士余德浩曾在 2010 年冯康诞辰九十周年的纪念会上朗诵《水调歌头·忆冯康恩师》，词中写道："首创单元妙法，传世冯康定理，青史树丰碑。任重征程远，留待后人追！"他还创作了长篇朗诵诗《冯康之歌》，其结尾写道："一代宗师闪耀着光辉形象，来者可追精神要光大发扬。任重道远事业已有人继承，冯康旗帜指引着前进方向！"

冯康的胞弟、著名物理学家冯端于 2003 年在《哈密尔顿系统的辛几何算法》一书后记中写道："冯康虽然离开人间已经 10 年了，他的科学遗产仍为青年一代科学家所继承和发展，他的科学精神和思想仍然引起人们关注、思考和共鸣。他还活在人们的心中！"现在时间又过去了 15 年，冯康离开我们已经 25 年了，但他依然活在我们心中！

（图文／中国科学院计算数学与科学工程计算研究所　余德浩）

1985 年

我国第一个南极科学考察站长城站建立

1985 年 2 月 20 日，我国第一个南极科学考察站——中国南极长城站在南极南设得兰群岛的乔治王岛胜利建成。这不仅结束了南极没有中国站的历史，更重要的是，向世界宣告了"中国人民有志气、有能力为人类的发展，作出自己卓越的贡献"。

人类的南极探险之路

南极是世界上最后一片净土，远离尘世的喧嚣，孤独地伫立在地球的最南端，是地球上最遥远、最孤独的大陆。它严酷的奇寒和万年不化的冰雪，长期以来拒人类于千里之外。

早在 15 世纪末，就有航海家寻找南极大陆的记录。1772—1775 年，英国库克船长领导的探险队在南极海域进行了多次探险，但并未发现任何陆地。1819 年，英国的威廉·史密斯船长发现南设得兰群岛。1821 年，美国人约翰·戴维斯乘船在南极半岛北端的休斯湾登陆。这是人类第一次登上南极大陆，从此开始了人类对南极大陆的探险活动。1911 年，以挪威科学探险家罗纳尔·阿蒙森为领队的探险队到达南极点，成为第一批到达南极点的探险家。

1928 年 11 月 26 日，英国的威尔金斯爵士驾机从迪塞普申岛起飞，首次在南极半岛进行了长距离飞行，开辟了南极航空探险新纪元。1928—1930 年，美国的伯德在惠尔湾内建立了小美洲基地，1929 年 11 月首次飞入南极内陆，环绕南极点飞行。这是首次飞越南极点的空中探险。

20 世纪 50 年代后，南极探险科考活动进入高潮。1959 年 12 月 1 日，美国、苏联、英国、澳大利亚、新西兰、法国、挪威、比利时、日本、阿根廷、智利和南非 12 国在美国华盛顿签署了

▲ 帝企鹅（陈松山 摄）

《南极条约》。条约规定，南极只能用于和平目的，各国可以自由地进行科学研究，不承认任何国家对南极的领土要求。

中国人——南极的"迟到者"

对于南极，中国是位"迟到者"。1957年的国际地球物理年，发达国家开始广泛介入南极科学考察，并在全球掀起了南极热。当时，中国著名气象学家、地理学家、中国科学院副院长竺可桢院士提出：地球是一个整体，中国自然环境的形成和演化是地球环境的一部分，极地的存在和演化与中国有着密切的关系。1962年，在制订全国科学技术发展规划时，一些科学家提议中国要进行南极科学考察工作。1964年，在新成立的国家海洋局的任务中，就有"将来进行南、北极海洋考察"的设想。

1978年的改革开放拉开了中国对内改革的大幕，也为中国的南极事业提供了发展机遇。1980年1月，中国首次派出两名科学家赴澳大利亚的南极凯西站，参加澳大利亚组织的南极考察活动，从而揭开了中国极地考察事业的序幕。1981年5月，中国成立了国家南极考察委员会及其办事机构南极办公室。1983年5月9日，全国人大常委会批准中国加入《南极条约》的决议。

1984年11月20日，由"向阳红10号"科学考察船和"J121"打捞救生船组成的中国首次南极考察编队从上海国家海洋局东海分局码头起航，12月26日抵达南极洲南设得兰群岛乔治王岛的麦克斯韦尔湾。此次南极科学考察包括两大部分：南极建站及南极洲、南大洋科学考察。中国首次南极考察队共有591名航海人员、科学工作者及建筑施工人员参加。当地时间1985年2月14日晚22点（北京时间15日上午10点），中国南极长城站的建设全部完成，我国第一个南极考察站崛起在南极洲乔治王岛。

▲ 中国人首次登陆南极

1985 年 10 月 7 日，中国正式成为《南极条约》协商国。1986 年，中国加入南极研究科学委员会。1989 年 2 月，中国在东南极大陆伊丽莎白公主地的拉斯曼丘陵地区建立了第二个南极科考站——中山站，这也是中国在南极大陆建立的第一个科考站。

吹响新时代南极考察的号角

经过 30 多年的不懈努力，我国的南极事业在考察站基础设施、科研装备、科学研究等方面取得了长足发展，综合实力已达到国际中等以上水平，成为建设海洋强国战略的重要组成部分。

▲ 中国南极中山站全景（董剑 摄）

考察站基础设施得到快速提升

长城站和中山站的持续能力建设成效显著，支撑保障和基地枢纽作用显著提升。长城站经过四次扩建，现有建筑 25 座，其中包括办公栋、宿舍栋、气象栋等 7 座主体建筑及若干科学用房和后勤用房，建筑面积达到 4082 米^2，各类设施和活动规模在乔治王岛地区现有的 9 个国家的 11 个考察站中稳居第二。中山站目前拥有各种建筑 15 座，建有气象观测场、固体潮观测室、地震地磁绝对值观测室、高空大气物理观测室等，建筑面积达到 7436 米^2。从 1996 年开始，中山站多次为内陆冰盖考察和格罗夫山考察提供保障，成为我国在南极最重要的科研和后勤支撑基地。

2005 年 1 月 18 日，中国第 21 次南极考察队从陆路实现了人类首次登顶冰穹 A。2009 年 1 月 27 日，我国首个南极内陆站——昆仑站在南极内陆冰盖最高点冰穹 A 西南方向约 7.3 千米处建成，成为世界第六个南极内陆站。从科学考察的角度看，南极有四个最有地理价值的点，即极点、冰点（即南极气温最低点）、磁点和高点。美国在极点建立了阿蒙森－斯科特站，俄罗斯在冰点建立了东方站，法国在磁点建立了迪蒙·迪维尔站，当时只有冰盖高点冰穹 A 尚未建立科考站。昆仑站的建成，实现了中国南极考察从南极大陆边缘向南极内陆扩展的历史性跨越。

2014 年 2 月 8 日，南极泰山站在伊丽莎白公主地正式建成，成为中国在南极建立的第四个科考站。该站是一座内陆考察的

▲ 中国南极昆仑站举行元旦升国旗仪式（胡正毅 摄）

▲ 中国南极泰山站　　▲ 中国南极罗斯海新站临时建筑

度夏站，可满足 20 人度夏考察生活，建筑面积达到 1000 米^2，使用寿命 15 年，配有固定翼飞机冰雪跑道。

2018 年 2 月 7 日，经过第 34 次南极考察队 20 多天的连续施工，中国第五个南极科考站——罗斯海新站在南极恩克斯堡岛正式选址奠基。该站为常年考察站，目前完成了临时建筑和临时码头的搭建工作。

科研装备水平大幅提高

长城站的科考设备全年可进行气象学、高层大气物理学、电离层、地磁和地震等项目的常规观测，夏季还可进行地质学、地貌学、地球物理学、冰川学、生物学、环境科学、人体医学和海洋科学等现场科考工作。

中山站 2011 年建成高空物理观测栋，目前已建立了较为系统和极具特色的电离层、极光、地

▲ 考察队员对巡天望远镜进行维护（杨世海 摄）

▲ 考察队员和深冰芯样品（胡正毅 摄）

▲ 考察队员在格罗夫山
（方爱民 摄）

磁等高空大气物理观测体系，实现了对极区高空大气、空间环境的连续监测，并与北极黄河站形成极区共轭对，开展南北极空间环境对比研究。

2013 年 1 月 21 日，昆仑站的深冰芯钻机成功钻取一根长达 3.83 米的冰芯，标志着我国深冰芯科学钻探工程"零的突破"。目前，钻探总深度超过 800 米，记录了过去 4 万年以来的地球气候环境演化信息。昆仑站配置的两台大视场、全自动 AST3 天文望远镜，具有极端环境下的超高精度跟踪、无人值守、高可靠性特点，初步形成具有国际水准的准空间环境巡天望远镜阵列。

自 1998 年 12 月中国南极考察队首次抵达格罗夫山地区进行地质、冰川、测绘和陨石采集等综合科考活动以来，我国现已实施 7 次格罗夫山考察，收集各类陨石超过 1.2 万块，稳居世界第三位，布置了蓝冰消融速度探测网阵和地震观测台，利用冰雷达探测获得了大量的冰厚及冰下地形信息。

"雪龙号"极地考察船现已安全运行 24 年，经过 3 次系统改造具备了较强的综合保障能力，拥有科研数据处理中心和大气、生

▲ "雪龙 2"效果图

物、物理、化学等实验室，实验室面积约 570 米^2，配备有垂向微结构剖面仪，动态海空重力仪，深海多波束、流式细胞仪等多学科调查设备。该船 2017 年加装的深水多波束测量系统已完成南北极近 1.6 万千米^2 的海底高精度地形地貌勘测。

▲ "雪鹰 601" 固定翼飞机飞抵中山站

2016 年 12 月 20 日，我国自主建造的首艘科考破冰船"雪龙 2"正式开工建造，2018 年 3 月 28 日正式入坞建造。该船建成后，将是世界上第一艘采用双向破冰技术的极地科学考察破冰船，并将与"雪龙号"极地考察船组成极地科学考察破冰船队，担当起我国极地海洋考察和运输保障重任。

2015 年 12 月 7 日，中国首架极地固定翼飞机"雪鹰 601"在中山站附近成功试飞，中国南极考察正式开启"航空时代"。我国成为继美国、俄罗斯、英国和德国之后，第五个拥有多功能极地固定翼飞机的国家。该飞机搭载了冰雷达、重力仪和航空磁力系统等多套先进航空科学观测设备。2017 年 1 月，"雪鹰 601"首次降落昆仑站，在南极航空史上，该类机型首次飞抵冰穹 A 区域。2018 年，我国首次实现大规模科考队员通过航空方式进出南极，开创了中国南极科考保障新模式。

科研成就硕果累累

30 多年来，我国共组织了 5500 多人次的南极考察，广泛开展了南极科学考察和前沿领域的科学探索,获取了大量第一手宝贵资料和样品,在极地海洋酸化、南大洋磷虾生物学、南极生态地质学、南极冰盖起源与演化、南极陨石回收、南极天文观测与研究、极光研究等方面取得了世界瞩目的成果。中国科学家在极地科研领域发表的《科学引文索引》(*SCI*)论文数量从 1999 年的 24 篇上升到 2016 年的 314 篇,先后在《自然》(*Nature*)、《科学》(*Science*)等国际顶级杂志发表论文 4 篇。

以考察为基础,通过深入与系统的研究,在极地冰川学方面,我国的考察研究工作主要集中在中山站－冰穹 A 内陆冰盖地区,包括艾默里冰架,已经具备了 10 年的研究和考察基础,为在冰穹 A 地区开展全球变化研究和重大科学工程项目实施奠定了坚实的基础,标志着我国进入了南极内陆考察的国际先进行列。

在南极海洋科学方面,我国开展了以南大洋、普里兹湾为重点的 30 多次南极海洋科考。这已成为一项业务化的考察工作,在现场考察的基础上,建立了极地科学共享数据库,为极地海洋科学的进一步发展奠定了基础。通过调查研究,在南极绕极流、南大洋的锋面和涡旋、普里兹湾的环流、海洋－冰架相互作用、冰芯记录等领域取得了重要进展。

在极地大气科学方面,对南北极与全球变化的关系有了初步认识;在极区大气边界层结构和能量平衡、大气环境、海冰变化规律、海－冰－气相互作用及对我国气候影响的遥相关机制等方面取得了大量基础资料和研究成果;极区气象预报服务等也取得了进展。

在极区空间物理学方面,在南极中山站和北极黄河站建成了涵盖极光、电离层和地磁等要素的南北极共轭观测体系,并融入国内、国际的观测网络,已获得一个太阳周期以上的观测数据;认识了南极中山站电离层变化特征;建立了极区电离层的三维时变模型；开展了南极电离层的数值模拟。

在生物与生态学及人体医学方面，围绕南极磷虾生物学、生态学等开展了十多个航次的调查研究，利用大磷虾复眼晶锥数目和复眼直径表征负生长状况的方法受到世界同行的关注，并得到初步推广；开展了以南极考察站、考察船为依托的生态环境监测，具备了在南极开展中长期海洋生态环境监测分析的能力和条件；探讨了企鹅、海豹过去几千年来种群数量变化及其对环境演化的响应，为开展全新世南极生态圈和环境演化过程的研究开辟了新领域；初步建立了极地微生物菌种资源保藏库，并在极地微生物的多样性分析、活性产物等方面获得较多的研究积累。在南极人体医学方面，开展了环境、营养、劳动卫生以及考察队员对南极环境的适应性研究，初步获得队员居留南极产生的一系列生理和心理变化的规律，为考察队员的选拔、医学保障提供了科学依据。

在地质和地球物理研究方面，开展了中山站－冰穹A断面地球物理调查，首次获得了冰穹A地区冰下地貌和冰层内部的图像和数据；完成了格罗夫山地区的地形图和地质图，出版了《南北极地图集》；获得了艾默里冰架东缘、格罗夫山和以拉斯曼丘陵为中心的普里兹湾沿岸的新元古代－早古生代早期单旋回的造山演化证据，在国际上产生了重要影响。

在极地天文学方面，获得了大量有价值的天文观测资料。冰穹A天文选址活动使中国的南极天文学研究取得了历史性突破，开启了中国主导的南极内陆天文学研究的国际合作计划，在国际上产生了重要影响。

（图文／国家海洋局极地考察办公室）

1985年
我国第一个南极科学考察站长城站建立

117

1986 年

发现起始转变温度为 48.6 开的锶镧铜氧化物超导体

1986—1987 年，中、美、日等国科学家在超导研究领域展开的激烈竞争，无疑是科技史上最动人心魄的篇章之一。1986 年 12 月 26 日，中国科学院物理研究所赵忠贤等人发现起始转变温度为 48.6 开的锶镧铜氧化物超导体，并观察到在钡镧铜氧化物超导体 70 开时出现的超导现象，中国的超导研究步入世界领先行列。1987 年 2 月 19 日深夜（20 日凌晨），赵忠贤等发现了液氮温区的超导电性：转变温度达 92.8 开。1987 年，瑞士科学家柏诺兹和缪勒由于在高温超导领域的突出贡献而获得诺贝尔物理学奖，在接受媒体采访时，他们特意向远在中国的同行赵忠贤和他的研究小组致意，感谢他们在这一领域作出的突破性贡献。

走近超导体

我们在日常生活中都有使用电器的经历。电器使用一段时间后，机器通常都会发热，若使用时间过长，甚至还会因过热而烧毁。这种现象是导体内部的电阻（当电子流过导线时，导线内部的材料阻碍其运动）造成的。电阻造成的发热现象不仅影响电器的日常使用，而且在能源的利用上也是一大浪费。如目前的铜或铝导线输电，约有 15% 的电能消耗在输电线路上。那么，有没有一种没有电阻的材料呢？答案是：有，它就是超导体。

超导体，顾名思义，就是导电性较一般导体更佳的"超级导体"。1911 年，荷兰科学家昂内斯发现，当汞冷却到 4.2 开（开是绝对温度单位"开尔文"的简称）时，汞的电阻就消失了。在随后的研究中，他还发现许多金属和合金也具有相同的特性。由于这些材料超乎一般导体的导电性，他把它们称为"超导态"或"超导体"。这一发现引起了整个科学界的震动，美国《商业周刊》称超导体的发现"比电灯泡和晶体管更为重要"。1933 年，荷兰的另外两名科学家迈斯纳和奥森菲尔德发现了超导体的另一个极为重要的特性：当金属处在超导状态时，超导体内的磁场被排挤了出去，外加磁场能穿过其内部，此时超导体内呈现零磁场状态，即反磁

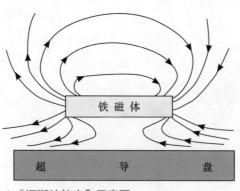

▲ "迈斯纳效应"示意图

性，人们将这种现象称为"迈斯纳效应"。利用超导体的反磁性可以实现磁悬浮。这种超导磁悬浮可以被广泛应用于工程技术中，超导磁悬浮列车就是一例。此外，超导体还能广泛应用于开发超导导线、超导发电机、超导电磁力船、核磁共振断层扫描仪等。

中国超导走向世界

超导体的零电阻与反磁性特征必将开启新世纪能源革命的大门，但对低温的要求极大程度地限制了超导材料的应用，因此，探索高温超导体就成了无数科学家追求的目标。1986年1月，瑞士科学家柏诺兹和缪勒首次发现钡镧铜氧化物在30开时出现了超导现象，但由于多种原因他们只把论文发表在了一家没什么名气的小杂志上。同时又由于超导史上曾多次有人宣称发现了高温超导体，但最终均以结果无法为他人所重复或被证伪而告终，因此，大多数科学家对发现高温超导体的报道总是持怀疑态度。这些使得学术界没有给予这一重大发现足够的关注。中国科学院物理研究所的赵忠贤是为数不多的几位认识到这篇文章重大意义的科学家之一。

1986年10月，赵忠贤和他的研究小组开始着手研究铜氧化物的超导性，和他们差不多同时展开研究的还有美国和日本的几个实验室，一场争分夺秒的竞赛由此展开。1986年11月13日，东京大学实验室首次成功证实了柏诺兹和缪勒的成果。12月26日，赵忠贤和他的研究小组在锶镧铜氧化物中实现了起始温度为48.6开的超导转变，并在钡镧铜氧化物中观察到了70开时出现的超导迹象。这一发现震惊了世界，原因是这是当时发现的超导材料的最高温度。为此，《人民日报》在1986年12月26日发表了题为"我发现迄今世界转变温度最高超导体"

的文章。世界科学家在这一发现的鼓舞下不断努力，各个实验室捷报频传，超导临界温度被不断刷新：1987 年 2 月 16 日，美国国家科学基金会宣布，朱经武与吴茂昆获得转变温度为 98 开的超导体。1987 年 2 月 19 日深夜（20 日凌晨），赵忠贤等发现了液氮温区的超导电性：转变温度达 92.8 开。1987 年 2 月 24 日，中国科学院数理学部召开新闻发布会，宣布在 Ba-Y-Cu-O（钡－钇－铜－氧）中发现了液氮温区超导电性。这是国际上首次公布液氮温区超导体的元素组成。

　　1987 年 3 月 18 日晚，纽约希尔顿酒店一间能容纳 1100 人的大厅里涌进了 3000 多名学者、研究生和记者，一场在世界范围内持续了几个月的超导竞赛迎来了它的巅峰时刻。会议整整持续了 7 小时 45 分，后来被称作“物理学界的伍德斯托克摇滚音乐节”。当晚的五位特邀嘉宾分别来自瑞士、日本、美国和中国，他们代表着当时国际上研究成绩最为显著的五个小组。其中，赵忠贤领导的研究小组由于首次公布了液氮温区的超导现象，在高

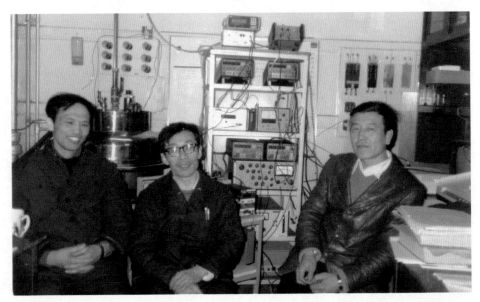

▲ 1987 年，赵忠贤（右一）与合作者陈赓华（左一）、杨乾声（左二）在实验室里

▲ 赵忠贤获第三世界科学院 1986 年度物理奖，图中授奖者为时任第三世界科学院院长萨拉姆

温超导这个举世瞩目的新领域里为中国夺得了先发优势。

　　这场超导竞赛的领跑者柏诺兹和缪勒于 1987 年被授予诺贝尔物理学奖，在接受媒体采访时，他们特意向远在中国的同行赵忠贤和他的研究小组致意，感谢他们在这一领域作出的突破性贡献。赵忠贤和他的研究小组也获得了国内外的无数荣誉，1989 年，"液氮温区铜氧化物超导电性的发现"获得国家自然科学奖集体一等奖。由于在超导领域的杰出贡献，赵忠贤甚至被媒体认为是"最接近诺贝尔奖的中国科学家"。当荣誉到来时，赵忠贤却谦虚地说："荣誉归于国家，成绩属于集体，我个人只是其中的一分子。"

新超导将中国科学家推到最前沿

　　自第一种高温超导材料——钡镧铜氧化物发现以后，铜基超导材料就成为全世界超导科学家追逐的焦点，他们不仅希望能在这一材料上创造出更高的温度奇迹，更希望能揭示高温超导机制。但直到现在这仍然是一个谜，了解超导机制也就成了20世纪90年代后物理学家追求的重要目标之一。我国对新超导体的探索也从未止步。

2008年2月，日本科学家发现了26开时的氟掺杂镧氧铁砷化合物超导体。同年3月25日，中国科学家陈仙辉及他的研究小组和物理研究所王楠林小组分别发现了43开时的氟掺杂钐氧铁砷化合物的超导体和41开的氟掺杂铈氧铁砷化合物的超导体。3月28日，中国科学院物理研究所的赵忠贤和他的研究小组发现了52开时的氟掺杂镨氧铁砷化合物的高温超导体。4月16日，该研究小组更是将超导临界温度提升至55开，同时他们发现不用氟掺杂，只需氧空位。中国科学家发现的高于40开的新型超导体，说明了铁基超导体是一个非传统的高温超导体，这意味着物理学家在铜基超导材料以外寻找新的高温超导材料的梦想在中国实现了。

▲ 2018年超导团队

中国科学家在铁基超导上的研究工作入选了《科学》杂志2008年"十大科学突破"。《科学》杂志还以"新超导将中国物理学家推到最前沿"为题，高度评价了中国物理学家在新型高温超导材料研究方面作出的重要贡献。

▲ 赵忠贤荣获国家最高科学技术奖

2013年，"40开以上铁基高温超导体的发现及若干基本物理性质研究"荣获国家自然科学奖一等奖。2015年，在瑞士召开的第11届国际超导材料与机理大会上，赵忠贤被授予马蒂亚斯奖，这是国际超导领域的重要奖项，每三年颁发一次，此次是内地科学家首次获奖。2016年，赵忠贤获得国家最高科学技术奖，表彰他对我国高温超导研究作出的杰出贡献。

虽然高温超导现象已被发现30多年，但是目前科学界仍然没有对超导机理达成共识。解决高温超导机理被《科学》杂志列为人类面临的125个重要科学问题之一。超导研究历时百余年，一直处于凝聚态物理的前沿，探索更高超导临界温度的超导体，特别是室温超导体，是人们孜孜追求的下一个梦想。室温超导体或性能更优越的超导体的发现，将把人类社会带入超导时代，给社会带来翻天覆地的变化。

（图文／中国科学院超导国家重点实验室）

1986年
发现起始转变温度为48.6开的锶镧铜氧化物超导体

1987 年

"神光"高功率激光装置通过国家鉴定

1987 年 6 月 27 日，中国科学院上海光学精密机械研究所研制的"神光 I"高功率激光装置通过国家鉴定，这标志着我国已成为国际上少数几个具有高功率激光领域综合研制能力的国家之一。本项目获得 1990 年国家科学技术进步奖一等奖。

激光新角色——核能聚变的点火器

从能源利用的角度来说，核聚变反应所产生的能量无疑是人们未来能源系统的重要支柱，以至于有人把核能称为人类未来的"生存依靠"。如今人类已经实现了不可控的核聚变反应，如氢弹爆炸，但氢弹爆炸释放的能量太大，人类难以控制和利用。于是，如何从可控的核聚变反应中获得取之不尽的新能源就成了科学家追求的目标。人们设想如果能做出一个微型的氢弹，同时用一种特殊的方式连续有节奏地发生核聚变反应，那么人类就能够得到永久的能源供应。激光的问世为人类这一梦想的实现提供了可能。

激光辐射氘氚靶丸　　　内爆压缩　　　聚变点火　　　聚变燃烧

▲ 激光核聚变示意图

1964 年，我国著名科学家王淦昌提出了激光聚变的设想：用高功率激光光束聚焦到热核材料制成的微型靶丸上，瞬间产生强高温与强高压，使被高度压缩的稠密等离子在扩散之前就完成全部核反应，即"惯性约束聚变"（ICF）。这就要求研制高功率的激光发射装置。

1964 年，我国第一个也是当时世界上第一个激光技术的专业研究所——中国科学院上海光学精密机械研究所（简称上海光机所）成立。建所初期，上海光机所根据国家总体部署，

▲ 上海光机所今貌

围绕研制"大能量、大功率激光器"的任务，开展了一系列艰苦的探索性研究。40 多年来，经过上海光机所几代人的不懈努力，高功率激光装置的研究取得了一系列令世人瞩目的辉煌成就。

"神光"之路

1965 年，上海光机所设立了代号为"71 号"的研究项目，后来被称作"高功率激光及其驱动的惯性约束聚变研究"。当年即建成了 10^9 瓦级钕玻璃四级行波放大的高功率激光装置，获得了激光等离子体发出的 X 光透过铝箔引起照相干板曝光等结果。

1973 年建立了万兆瓦（10^{10} 瓦）级的高功率钕玻璃激光装置。1975 年年底建成了 10 万兆瓦（10^{11} 瓦）的六路高功率钕玻璃激光装置。

上海光机所高功率激光装置发展历程

装置名称	能　量	束数	建成时间
万兆瓦激光系统	50 焦 / 单频	1	1973 年
六路激光装置	180 焦 / 单频	6	1975 年
"神光 I" 装置	1.6 千焦 /（单频·纳秒）	2	1985 年
"神光 II" 装置	6 千焦 /（单频·纳秒）	8	2000 年
"神光 II" 第九路装置	2.4 千焦 /（3 频·3 纳秒）	1	2005 年
"神光" 驱动器升级装置	40 千焦 /（单频·3 纳秒）	8	2016 年

　　1982 年 1 月，"神光 I" 装置开始研制。1985 年 7 月，按计划建成的激光 12 号装置投入试运行。该装置由激光器系统、靶场系统、测量诊断系统和实验环境工程系统组成，输出激光总功率为 1 万亿瓦，而激光时间只有 1 秒的百亿分之一到十亿分之一，这是当时中国规模最大的高功率钕玻璃激光装置，在国际上也为数不多。该装置在试运行中成功地进行了三轮激光

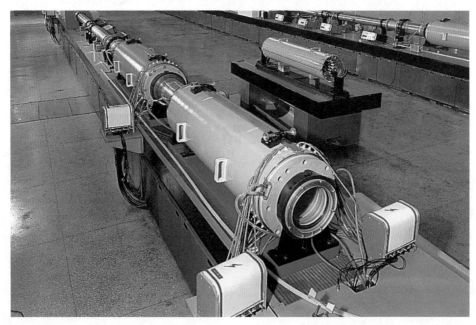

▲ "神光 I" 装置

打靶试验，取得了很多宝贵的科学数据，也为我国研制更高功率的激光装置打下了坚实的基础。

1987年6月27日，"神光Ⅰ"装置通过国家鉴定。该装置作为当时中国规模最大的高功率激光装置，综合技术性能达到了国际同类装置的先进水平。"神光Ⅰ"装置作为我国光学高技术领域的一项重大成就，标志着我国已成为国际上高功率激光领域具有综合研制能力的少数几个国家之一，标志着我国在该领域进入世界先进行列。1989年和1990年，"神光Ⅰ"装置分别荣获中国科学院科学技术进步奖特等奖和国家科学技术进步奖一等奖。"神光Ⅰ"装置投入运行后，取得了国际一流水平的科研成果。

高瞻远瞩　再续辉煌

激光核聚变的长远目标是实现聚变能源。高功率钕玻璃激光装置是目前用于惯性约束聚变研究最成熟的驱动器。在王淦昌、王大珩、于敏三位院士提议下，ICF工作得到国家的高度重视。1994年，"神光Ⅱ"装置立项并开始研制，2000年建成并投入运行。

2001年12月，"神光Ⅱ"装置通过了中国科学院、中国工程物理研究院联合主持的鉴定与验收。

"神光Ⅱ"装置是由中国科学院、中国工程物理研究院、国家"863计划"支持的大科学工程项目。该装置是目前我国规模最大、国际上为数不多的高性能、高功率固体激光装置。

"神光Ⅱ"装置由激光器系统、靶场系统、能源系统、光路自动准直系统、激光参数测量系统以及环境、质量保障等系统组成，是数百台（套）各类激光单元或组件的集成，并在空间排布成8路激光放大链，每路激光放大链终端输出激光净口径ϕ230

▲"神光Ⅱ"装置

毫米，该装置终端输出能量达到 6 千焦 /（纳秒·1.053 微米）。

在研制"神光Ⅱ"装置的过程中，我国独立自主地解决了一系列技术难题，创新集成了 15 项单元新技术。"神光Ⅱ"装置总体技术性能已进入世界前列。"神光Ⅱ"装置自投入运行以来，高效率、高质量"打靶"已达 3000 多发，装置运行取得了累累硕果。目前，这种类型的巨型激光装置只有欧美少数国家才有能力研制，这标志着我国高功率激光科研和激光核聚

▲"神光Ⅱ"装置靶场

▲ "神光Ⅱ" 第九路装置

变研究又跨上了一个新的历史台阶。2002 年,"神光Ⅱ"装置获上海市科学技术奖(科技进步奖)一等奖,2003 年获中国科学院杰出成就奖。

2008 年 10 月 25 日,"神光Ⅱ"多功能高能激光系统(第九路)完成项目验收。该系统于 2005 年年初开始提供打靶试运行,能够提供一束输出能量更大、输出脉冲宽度等特性都不同于"神光Ⅱ"其他八路的激光器,迄今已经单独或与八路激光一起,打靶发射 1000 多次,成功率高达 80%。第九路在集成波导前端、大口径主放大和全程光束调控等方面取得了重要进展,是国际上为数不多的多功能探针光,于 2013 年 12 月 25 日获得国家科学技术进步奖二等奖。

"神光"装置可靠优质的性能得到国际同行的高度认可。2009 年 12 月,上海光机所与某国原子能研究中心签订了"高功率激光技术合作项目"合同,为该国研制了国家激光装置

▲ 联合室工程技术人员在装置标牌前合影

（NLF），标志着我国在高功率激光工程技术方面的工作已经走在世界前列。

2016 年 7 月完成的"神光"驱动器升级装置研制了四程主放大结构，奠定了我国聚变级激光驱动器总体方案基础，是我国首个建成的快点火物理实验平台，得到了国际最高值的中子产额。

科技合作　堪称典范

"神光"发展之路，是中国科学院和中国工程物理研究院精诚合作之路。从 20 世纪 70 年代后期起，在前辈科学家王淦昌的直接领导和亲自组织下，两个研究单位开始了合作研究。80 年代初，在邓锡铭院士的推动下，上海光机所和中国工程物理研究院共同签订了《合作研制激光 12 号实验装置协议书》。在王淦昌、王大珩两位前辈科学家高瞻远瞩的倡导下，在原中国

▲ "神光"驱动器升级装置

科学院周光召院长、原核工业部九院胡仁宇院长的直接关心指导下，于1986年7月成立了高功率激光物理研究实验室（高功率激光物理联合实验室的前身）。实验室打破了部门所有制，实行实验室管理委员会领导下的室主任负责制。30多年来，上海光机所与中国工程物理研究院的科技合作堪称中国科学院和中国工程物理研究院的合作典范，对推动中国激光聚变研究发挥了决定性作用，使得我国在该领域的研究走在了世界前列。

（图文／中国科学院上海光学精密机械研究所）

1987 年
「神光」高功率激光装置通过国家鉴定

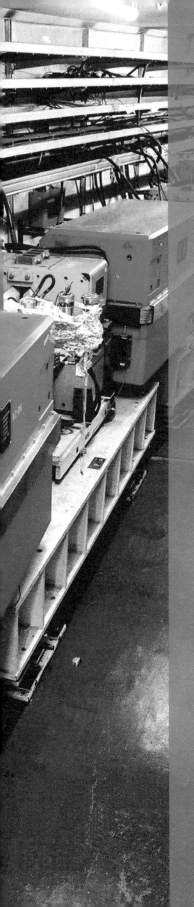

1988 年
北京正负电子对撞机建造成功

1988 年 10 月 16 日，凝聚着中国几代高能物理学家梦想与心血，在中国科学院高能物理研究所建造的北京正负电子对撞机（BEPC）首次实现束流对撞，宣告建造成功。这是中国高能物理发展史上的重要里程碑。《人民日报》报道这一成就时，称"这是我国继原子弹、氢弹爆炸成功、人造卫星上天之后，在高科技领域又一重大突破性成就"。这项成果荣获 1990 年国家科学技术进步奖特等奖。BEPC 建成后，迅速投入运行，取得了一批重大的研究成果。

对撞机——观察微观世界的"显微镜"

古往今来，人们一直在思考、探索：世界万物究竟是由什么构成的？它有最小的基本结构吗？高能物理就是一门研究物质的微观基本组元和它们之间相互作用规律的前沿学科。对撞机正是观察微观世界的"显微镜"，它将两束粒子（如质子、电子等）加速到极高的能量并迎头相撞，通过研究高能粒子对撞时产生的各种反应，研究物质深层次的微观结构。

北京正负电子对撞机（BEPC）由注入器、输运线、储存环、北京谱仪（BES）和北京同步辐射装置（BSRF）等部分组成，外形像一只硕大的羽毛球拍。球拍的把柄是全长202米的行波直线加速器，拍框就是周长240米的储存环。由电子枪产生的电子和电子打靶产生的正电子，在直线加速器里加速到15亿电子伏，注入储存环。正负电子在储存环里可进一步加速到22亿电子伏，以接近光的速度相向运动，并以125万次/秒的

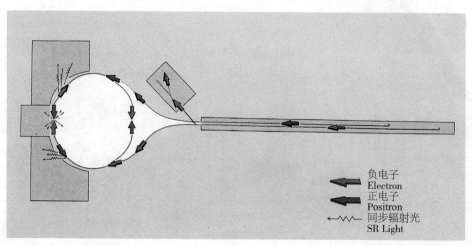

▲ BEPC 布局示意图

负电子
Electron

正电子
Positron

同步辐射光
SR Light

速度进行对撞。有着数万个数据通道的北京谱仪，犹如火眼金睛，实时地观测对撞产生的次级粒子，并把所有数据保存到计算机中。科学家通过离线的数据处理和分析，进一步认识这些粒子的性质，从而揭示微观世界的奥秘。

党和国家领导人
直接关怀高能物理事业

我国的高能物理研究始于 20 世纪 60 年代，走过了漫长而曲折的道路。1972 年 8 月，张文裕等 18 位科技工作者致信周恩来总理，提出发展中国高能物理研究的建议。周总理亲笔回信指出："这件事不能再延迟了。科学院必须把基础科学和理论研究抓起来，同时又要把理论研究和科学实验结合起来。高能物理研究及高能加速器的预制研究应该成为科学院要抓的主要项目之一。"

▲ 周恩来总理的亲笔回信

在周恩来总理的亲切关怀下，中国科学院高能物理研究所于 1973 年年初在原子能研究所一部的基础上成立，开始了我国高能物理研究走向世界的新征程。

1975 年 3 月，已重病卧床的周恩来总理和当时刚刚重新主持工作的邓小平一起批准了高能加速器预制研究计划。在这之后，高能物理研究所又提出多个加速器研制方案。在经历了从 20 世纪 50 年代起高能加速器建设计划"七上七下"的曲折过程后，直到 1981 年 5 月，国内外专家的意见都逐渐集中到建造 2×22 亿电子伏正负电子对撞机的方案上。

1981 年年底，中国科学院向党中央报告，提出建设北京正负电子对撞机的方案。邓小平在报告上批示："他们所提方案比较切实可行，我赞成加以批准，不再犹豫。"

1983 年 12 月，中央决定将对撞机工程列入国家重点建设项目，并成立了对撞机工程领导小组。不久，由 14 个部委组成了工程非标准设备协调小组，组织全国上百个科研单位、工厂、高等院校大力协同攻关，土建工程由北京市负责全力保障。

1979 年 1 月，邓小平率中国政府代表团访美，国家科委与美国能源部签订了中美《在高能物理领域进行合作的执行协议》，并成立了中美高能物理合作委员会。在 BEPC 的建造过程中，中美高能物理联合委员会发挥了重要作用。

四载拼搏谱华章

1984 年 10 月 7 日，BEPC 工程破土动工。邓小平亲自题词并为工程奠基，铲下了第一锹土，又亲切接见了工程建设者的代表。

国家的重视和改革开放，极大地鼓舞了中国科学院高能物理研究所和全国上百个单位的工程建设者，他们发挥社会主义大协

中国科学院高能物理研究所
北京正负电子对撞机国家实验室
邓小平题

▲ 邓小平题词

作精神，夜以继日，奋战了四年。1988年10月16日，对撞机首次实现正负电子对撞，完成了小平同志提出的"我们的加速器必须保证如期甚至提前完成"的目标。仅仅四年时间，中国的高能加速器从无到有再到建造成功，这一建设速度在国际加速器建造史上也是罕见的。10月20日《人民日报》报道这一成就，称"这是我国继原子弹、氢弹爆炸成功、人造卫星上天之后，在高科技领域又一重大突破性成就"，"它的建成和对撞成功，为我国粒子物理和同步辐射应用开辟了广阔的前景，揭开了我国高能物理研

▼ 北京正负电子对撞机国家实验室鸟瞰

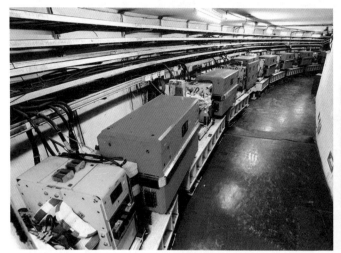

▲ BEPC 储存环

▲ BEPC 上的大型探测
器——北京谱仪

究的新篇章"。

1988年10月24日，邓小平又一次到高能物理研究所视察，发表了重要讲话《中国必须在世界高科技领域占有一席之地》。他铿锵有力地说："过去也好，今天也好，将来也好，中国必须发展自己的高科技，在世界高科技领域占有一席之地。如果60年代以来中国没有原子弹、氢弹，没有发射卫星，中国就不能叫有重要影响的大国，就没有现在这样的国际地位。这些东西反映一个民族的能力，也是一个民族、一个国家兴旺发达的标志。"

硕果累累的北京正负电子对撞机

BEPC 能量为 2×22 亿电子伏，所选的能区恰恰是一个 τ-粲物理的"富矿区"，为我国的高能物理研究后来居上提供了机遇。

BEPC/BES 自 1990 年开始运行，积累的事例数据比此前国际上其他实验室的数据高一个数量级以上，构成了 τ-粲能区世界上最大的数据样本。"以我为主"的 BES 国际合作，吸引了包括国内 18 所科研机构的 200 多位研究人员，以及来自美、日、韩等国十余所科研机构的数十名研究人员共同合作开展高能物理实验研究，在 τ 轻子质量的精确测量、R 值测量、J/ψ 共振参数的精确测量、Ds 物理研究、ψ（2S）粒子及粲夸克偶素物理的实验研究、J/ψ 衰变物理的实验研究等方面取得一系列国际领先的研究成果，国际权威粒子数据表（PDG）引用 BES 成果 420 多项。

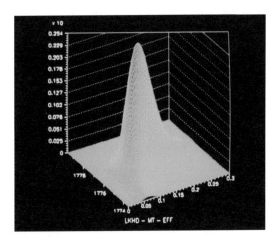

▲ BES 上的 τ 轻子质量精确测量

1992 年，τ 轻子质量测量的精确结果把实验精度提高了 10 倍，结合国际上同时期的 τ 轻子寿命和衰变分支比的精确实验测定，再次证实了轻子普适性原理，解决了标准模型的一个疑点，被国际上评价为当年最重要的高能物理实验成果之一。

1999 年，BES 对 20 亿～50 亿电子伏能区正负电子对撞强子反应截面（R 值）强子的测量，将测量精度提高了 2～3 倍，大大提高了标准模型对希格斯粒子质量的预测精度，解决了标准模型预言与实验结果不一致的矛盾，得到了国际高能物理界的高度评价。

2003 年以来，BES 合作组在 BEPC 上陆续发现 5 个多夸克态新强子候选者，引起国际高能物理界的极大重视。尤其是 X（1835）被认为可能是一个新型强子态。

北京正负电子对撞机重大改造

BEPC 上取得的丰硕成果，在国际高能物理界引起了高度重视和激烈竞争。美国康奈尔大学有一台正负电子对撞机

（CESR），原先在 2×56 亿电子伏高能量下工作，他们看到粲能区丰富的物理"矿藏"，决定把束流的能量降低到粲物理能区（改称为 CESR-c）与我们竞争，其主要设计指标超过了 BEPC。为了继续保持在国际高能物理研究上的优势，中国科学家接受了挑战，迎难而上，提出了双环改造方案，设计的对撞亮度比原来的对撞机高 100 倍，是 CESR-c 的 $3 \sim 7$ 倍，从而大大提高了竞争力。这个方案得到了科学界的支持和国家的批准，并在 2004 年年初开工建设，即北京正负电子对撞机重大改造工程（BEPC Ⅱ）。科研人员根据"一机两用"的设计原则，采用了独特的三环结构，满足了高能物理实验和同步辐射应用的要求。工程建设者继续发扬在对撞机建设中形成的"团结、唯实、

▲ BEPC Ⅱ 储存环

创新、奉献"的精神，依靠改革开放带来的社会发展和科技进步，圆满完成了各项重大改造工程的建设任务，于 2009 年 7 月通过了国家竣工验收，成果荣获 2016 年国家科学技术进步奖一等奖。

北京正负电子对撞机重大改造完成后，一天获取的数据量相当于改造前的 100 倍。李政道先生在贺信中说："这是中国高能物理实验研究的又一次重大飞跃，为中国在粲物理研究和 τ 轻子高能研究方面，继续在国际上居于领先地位打下了坚实的基础。"美国康奈尔大学对撞机的负责人赖斯教授写道："由于 CLEO-c 将终止运行，我们期待来自 BES Ⅲ 的一系列重要的物理发现。"其中的 CLEO-c 是 CSER-c 上的探测器。自 2009 年以来，BES Ⅲ 国际合作组在高亮度的北京正负电子对撞机上，获取了粲能区共振峰上世界最大的数据样本，取得许多重要的物理成果，其中包括证实了 BES 上发现的 X（1835）新粒子，同时还观测到两个新粒子 X（2120）和 X（2370）。特别是四夸克粒子的发现，被评价为"开启了物质世界新视

▲ 北京谱仪 BES Ⅲ

野",并被美国《物理》杂志评选为 2013 年国际物理领域 11 项重要成果之首。

　　BEPC 和 BEPCⅡ"一机两用",BSRF 可以提供从硬 X 射线到真空紫外宽波段的高性能同步辐射光,是开展凝聚态物理、材料科学、生命科学、资源环境、纳米科学及微电子技术等诸多学科及其交叉前沿研究的重要基地。每年有来自全国百余个科研单位和大学的研究人员在此进行数百项实验,取得了许多重要成果。例如,在 2003 年正式投入使用的我国第一条生物大分子晶体学光束线与实验站上,首次获得了 SARS 病毒蛋白酶大分子结构和菠菜捕光膜蛋白晶体的结构等重要成果。

　　BEPC 和 BEPCⅡ的成功建设和运行,提升了我国相关工

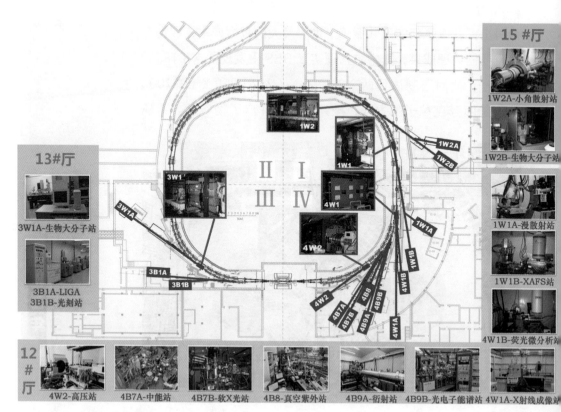

▲ BSRF 及其光束线和实验站

业领域的技术水平，带动了大功率速调管、等梯度加速管、超导射频、高性能磁铁、高稳定电源、超高真空、超导磁铁、大规模低温、束流测量、计算机自动控制、核探测器、快电子学、高速数据获取和数据密集型计算等高新技术的发展，产品出口到欧洲和美国、日本、韩国、巴西等国，提升了我国的影响力。应用 BEPC 和 BEPCⅡ发展的加速器和探测器技术，催生了一系列高技术产业，如医用加速器、辐照加速器、工业 CT、正电子发射断层成像和低温超导除铁器与核磁共振成像的超导磁体等，推进了高新技术的产业化，产生了显著的经济效益。北京正负电子对撞机向社会开放，建成以来接待数百批、几万人次参观，成为向社会乃至世界宣传中国改革开放的窗口。

我国的高能物理事业伴随着改革开放走过了 40 年艰难曲折和令人欣喜的历程。BEPC 及其重大改造的成功，使我国在国际高能物理研究中占有了一席之地，并在 τ-粲物理领域居于领先地位。北京正负电子对撞机作为国际科技合作的开端、大科学工程的典范，拉开了中国进军世界高科技领域的序幕。中国科学院高能物理研究所提出建造环形正负电子对撞机的构想，将以前所未有的规模和精度来研究希格斯粒子的性质。这些重大科技基础设施成为高新技术产业的摇篮，在此产生的基础研究成果，将在很大程度上推动我国在物质结构和宇宙演化等领域的深入探索，指引着粒子物理研究的方向。

（图文／中国科学院高能物理研究所　张闯）

1989 年

研制成功丙纶级聚丙烯树脂

在涤纶、锦纶、丙纶、腈纶和维纶五大化学纤维中，丙纶是我国唯一自主研究开发成功的化纤产品，其他四个品种的制造技术则都是从国外引进的。20 世纪 60—80 年代，中国科学院化学研究所在掌握了丙纶稳定纺丝新工艺的基础上，开发出一系列流动性好的聚丙烯纺丝专用料，填补了我国丙纶级聚丙烯树脂生产的空白，为我国丙纶工业的迅速发展奠定了基础，有力地促进了丙纶工业在我国的迅速发展，使我国丙纶的生产发展进入国际先进行列。该项目获 1989 年国家科学技术进步奖一等奖。

"母粒降温"开启中国丙纶研究第一步

丙纶最早出现于 20 世纪 60 年代,是五大化学纤维中发展最晚的品种,起初主要用于地毯、缆绳等低档产品,衣用纺织丙纶的发展一直非常缓慢。20 世纪 60 年代初,随着我国石油化学工业的发展,作为副产品的丙烯产量增长很快,本着自主开发我国化纤品种以及解决我国人民穿衣等问题的思想,丙纶技术的突破进入了中国科学家的研究视野。

1974 年,中国科学院化学研究所制定了"研究开发穿着用聚丙烯纤维(丙纶)"的战略决策,但国外厂商对丙纶技术的严密封锁以及聚丙烯存在的纺丝性能差及易老化和着色难等方面的问题,却给中国科学家的研究带来了困难。1974 年,由钱人元院士领导的研究小组开始了降低丙纶纺丝温度的新方法研究,从高分子物理的角度对聚丙烯熔体在高温下的化学变化及熔体流变性能与分子结构的关系,以及纺丝过程中的结构变化等进行了系列研究,经过刻苦攻关,他们终于找到了丙纶纺丝温度过高的根本原因——所用的聚丙烯分子量过大,弄清楚了分子量调节剂的作用机理及规律性。症结找到,但如何解决呢?

1978 年,研究小组在大量实验的基础上终于找到了"有机过氧化物"这样一类优秀的分子量调节剂,提出了采用国产有机过氧化物控制降解以改善聚丙烯树脂纺丝性能的方法。在将有机过氧化物与聚丙烯树脂熔融共混实验过程中,由于有机过氧化物遇热而表现出来的强烈分解性,很多人对于实验的安全性表示怀疑,但徐端夫院士等根据充分的文献调研和实验室研究结果,为实验的安全进行提供了保障。此后,为了将实验室成果在工业生产中进行应用,研究小组又提出了将降解促进剂以母粒的形式加入商品聚丙烯树脂中进行丙纶纺丝的方法，即降温母粒法，以实现丙纶生产的可能性。降温母粒法解决了长期未能解决的丙纶纺丝温度过高的关键技术问题，使纺丝温度降低约50℃，降低至260～270℃，大幅度提高了纤维的生产效率，促进了当时丙纶工业生产的迅速发展，具有显著的经济效益。该项研

▲ "降低丙纶纺丝温度新方法"获1980年国家发明奖三等奖

究成果于1979年通过了中国科学院的成果鉴定，1980年"降低丙纶纺丝温度新方法"获得国家发明奖三等奖。

新时代赋予丙纶研究新使命

我国丙纶研究虽然在20世纪70年代末取得了重大突破，但直到1981年，我国的丙纶产量仅有几千吨，与国家经济建设的需求差距很大。为了加速丙纶发展，国家引进了先进的大中型纺丝设备。为了在引进大中型设备的基础上迅速把丙纶生产提高到80年代国际水平，从根本上解决进口和国产纤维级聚丙烯树脂存在的问题，在科学的基础上建立丙纶生产工业，开发适用的新型丙纶级聚丙烯树脂新牌号就成为我国丙纶发展的关键所在。

1982年，在纺织部化纤局组织下，中国科学院化学研究所

与辽阳石化化纤公司化工三厂签订了用化学降解法联合研制新型丙纶级树脂的技术协议，采用化学所开发的化学降解法生产纤维级聚丙烯树脂的小试成果改进聚丙烯树脂，生产出了高熔融指数的树脂新牌号。在随后的实验基础上，双方又成功地研制出了两种丙纶级树脂新牌号（70218 和 70226），并成功实现了这两种适用于丙纶纺丝的新型树脂的定型和工业化稳定生产。新树脂质量良好，纺丝性能优良，纺丝温度低、易牵伸、成品丝质量好，特别是降低了成品丝的三不匀率，完全适用于当时国内大部分丙纶厂纺丝设备的要求，与 1984 年后国际市场新出现的第二代丙纶级聚丙烯树脂，如美国 Himont 公司 PC966 树脂的各项指标及纺丝性能基本相同。树脂各项质量指标达到了国外同类型产品 80 年代的先进水平，新产品耐老化性能达到国际同类先进产品的水平，更适合于纺细旦丙纶纤维之用，彻底解决了丙纶生产欠稳定和质量欠均匀等问题，提高了生产效率和质量，降低了生产成本。

丙纶级聚丙烯树脂的制造属于丙纶生产中关键性专利技术，国外厂商皆严守秘密。在此项制造技术研发成功之前，外商甚

▲"丙纶级聚丙烯树脂的研制、工业化生产和应用"项目获 1988 年中国科学院科学技术进步奖一等奖

▲"聚丙烯纺丝中结构与性能关系的研究"项目获 1989 年中国科学院自然科学奖一等奖

至从来不肯把类似规格的树脂卖给我国。因此，该产品的研制成功填补了我国丙纶级聚丙烯树脂生产的空白，为我国丙纶技术自主研制的突破作出了突出贡献，奠定了我国丙纶工业发展的基础，有力地促进了丙纶工业在我国的迅速发展，使我国丙纶的生产发展进入国际先进行列。"聚丙烯丙纶级牌号 70218 和 70226 树脂的研制"获 1987 年中国石油化工总公司科学技术进步奖一等奖，"聚丙烯纺丝中结构与性能关系的研究"获 1989 年中国科学院自然科学奖一等奖，"丙纶级聚丙烯树脂的研制、工业化生产和应用"获得 1988 年中国科学院科学技术进步奖一等奖、1989 年国家科学技术进步奖一等奖。

"细旦与超细旦"研究
续写中国丙纶事业新辉煌

丙纶级聚丙烯树脂工业化生产技术的突破有力地推动了我国丙纶研究开发和产业化的进程。为了把丙纶发展成为衣着用化纤新品种，满足穿着用织物的要求，根据合成纤维向细旦化、超细旦化发展的基本方向，化学研究所徐端夫院士领导的课题组在研制丙纶级聚丙烯树脂的基础上，从 1988 年起开始了细旦、超细旦聚丙烯纤维及其相关织物的超前攻关研究，并实现了中试规模可适用于常规纺丝和高速纺丝的细旦丙纶（0.8～1.5 旦）和超细旦丙纶（0.5～0.8 旦）专用料的生产。

这一立足于国产设备和原料开发的"细旦、超细旦丙纶专用树脂和细旦丙纶长丝制造技术"成果于 1991 年通过了中国科学院组织的专家鉴定。随后，在国家经贸委、中国科学院的大力支持下，1992 年"细旦、超细旦丙纶长丝及制品"项目被列为国家"产学研"高技术产业化首选项目，并先后得到中国科学院"八五"重点攻关项目和国家自然科学基金委员会项目的

1. 细旦丙纶短纤维
2. 细旦丙纶短纤维与棉纤
   维混纺纱线
3. 细旦、超细旦丙纶服装

支持。1994 年，在国家经贸委、中国科学院及北京市经委的组织协调和大力支持下，化学研究所与北京涤纶实验厂签订了合作开发"高速纺细旦、超细旦丙纶制造技术"协议，顺利完成了细旦、超细旦丙纶的工业化试验，在我国实现了细旦、超细旦丙纶长丝工业化生产"零的突破"，并于 1996 年获得中国科学院科学技术进步奖一等奖。在此基础上，徐端夫院士领导的课题组于 1998 年发明了系列可纺性好的合金化微细聚丙烯纤维纺丝专用树脂，将丙纶纺丝温度从常规的高于 250℃降低至180～210℃。此外，在高强丙纶纺丝专用料制造技术方面，该研究小组也研制了多个牌号的高强度聚丙烯长丝和扁丝专用树脂，弥补了我国缺少高强丙纶纺丝专用料制造技术的不足，为发展我国高强度聚丙烯纤维纺丝技术及其专用料制造技术开拓了新思路。

化学所在研究开发常规丙纶制造技术和细旦、超细旦丙纶长丝高速纺丝技术的基础上，从 1995 年起开展了衣着用细旦、超细旦丙纶短纤维制造技术研究，研究小组先后发明了纺丝专用料和工业化纺丝技术，在国产常规涤纶短纤维的生产装置上成功纺出了细旦和超细旦丙纶短纤维。细旦、超细旦聚丙烯短纤维具有手感柔软、导湿性好等优点，可用于丙／棉混纺，制成的丙／棉混纺纱线可用于针织、机织制成织物。显然，与棉、蚕丝和其他化纤相比，细旦、超细旦丙纶短纤维在内衣、T 恤、运动服、巾被、水刺布、过滤布等方面有更广泛的市场，具有良好的市场前景。

（图文／中国科学院化学研究所）

1989 年
研制成功丙纶级聚丙烯树脂

"风云一号"卫星甚高分辨率扫描辐射计研制成功

甚高分辨率扫描辐射计是我国"风云一号"极轨气象卫星上的主要遥感仪器，于 1988 年和 1990 年两次入轨工作，具有每天一次获取全球可见及红外图像的能力，为天气预报和环境监测提供了新的手段。它是我国第一台业务型卫星光电遥感仪器。20 多年来，中国科学院上海技术物理研究所紧密围绕气象领域和我国大气探测的战略需求，瞄准国际竞争的制高点，突破了诸多关键技术，为我国大气探测技术实现升级换代和逐步超越国际水平作出了重要贡献。

中国人自己的气象卫星

1960 年 4 月 1 日美国发射成功世界上第一颗气象卫星"泰罗斯-1",开创了利用卫星进行气象观测的新途径。我国于 20 世纪 60 年代末开始用自制设备接收美国卫星过境发送的实时云图资料,在天气预报,特别是台风、寒潮等灾害性天气预报中取得很好的效果。1969 年 1 月 29 日周恩来总理指示:"我们也要搞自己的气象卫星",并在 1970 年 2 月明确由上海市承担该卫星的研制任务。中央气象局于 1970 年设立"701"办公室,负责考虑和提出我国极轨气象卫星的要求、卫星资料的接收处理及使用,气象卫星研制工作开始起步。极轨气象卫星的研制需要解决两项基本技术:长寿命卫星平台及卫星遥感仪器。由于红太阳同步轨道外遥感具有不依赖阳光昼夜连续观测以及定量测量目标温度的特点,因此可见红外多波段扫描辐射计成为我国第一颗气象卫星遥感仪器的首选。扫描辐射计是一种光学机械扫描式成像遥感仪器,依靠转轴与飞行方向一致的 450 扫描反射镜的旋转,使光学望远镜的视场作垂直于轨道平面的扫描,借助卫星的绕地飞行,获取地球二维景象,之所以称其为辐射计是因为它能同时测量目标的辐射强度。

十年跨三步　达到国际先进水平

上海技术物理研究所汤定元,从 20 世纪 70 年代初就系统地收集资料,于 1974 年编译出版了《红外技术在气象卫星中的应用》一书,对我国气象卫星红外遥感技术的发展起到了启蒙和推动作用。经多年技术准备,48 转 / 分可见红外扫描辐射计的研制工作于 1974 年启动。它有 3 个探测波段：0.58 ~ 0.68 微米、0.725 ~ 1.1 微米、10.5 ~ 12.5 微米，3 个波段的信息组合，可获取昼夜云图、冰雪覆盖、植被分布、水陆分界并测量海面和云顶温度。限于当时红外探测器水平，红外通道使用室温工作的热敏电阻红外探测器，探测率 D^* 约 $1×10^8$ 厘米·赫$^{1/2}$·瓦$^{-1}$，可见和近红外通道使用 Si 探测器，仪器的扫描速率 48 转 / 分，可见和红外通道的瞬时视场分别为 4 毫弧度和 8 毫弧度，卫星 900 千米高度时的图像地面分辨率为 3.6 千米和 7.2 千米，扫描幅宽约 3000 千米。该仪器样机于 1977 年研制成功，主要技术指标与 1970 年美国刚入轨使用的第二代极轨业务气象卫星"依托斯"上的扫描辐射计一致。

鉴于气象卫星平台和扫描辐射计取得的研制进展，1977 年 11 月国防科工委在上海召开了气象卫星第一次大总体会议，定名我国第一颗气象卫星为"风云一号"，决定卫星进入工程研制。但研究人员在该卫星用什么样的红外遥感仪器问题上存在不同意见。匡定波先生根据国际气象卫星红外遥感仪器技术发展趋势和我国技术基础，力主采用扫描速率 120 转 / 分、红外通道用碲镉汞探测器，由辐射制冷器冷却的可见红外三通道扫描辐射计作为我国第一颗"风云一号"气象卫星的主要遥感仪器，得到与会者的赞同。

三通道 120 转 / 分扫描辐射计光学系统口径 120 毫米，三个探测波段与原先相同，但瞬时视场均提高到 3.6 毫弧度，可见和近红外通道仍用 Si 探测器，红外通道用碲镉汞探测器。由于当时红外碲镉汞探测器的探测率 D^* 仅达到 $5×10^8$ 厘米·赫$^{1/2}$·瓦$^{-1}$，红外通道探测灵敏度为 1.3 开，比任务要求的 1 开稍低。在各方的共同努力下，研制工作进展顺利，于 1979 年完成了工程样机研制并进行了航空飞行试验，获得了一批质量优良的可见和红外图像，证实了该仪器对云和地物目标的优良昼夜观测能力。

在 120 转 / 分扫描辐射计的研制过程中，方家熊负责研制的碲镉汞红外探测器取得重大进展，1980 年，探测率 D^* 达到 $5×10^9$ 厘米·赫$^{1/2}$·瓦$^{-1}$，性能提高约 10 倍，为发展 360 转 / 分甚高分辨率扫描辐射计奠定了基础。仪器光学望远镜的口径扩大到 200 毫米，探测波段仍为 3 个，但瞬时视场提高到 1.2 毫弧度，成像分辨率比 120 转 / 分扫描辐射计提高 3 倍，主要性能与美国 1978 年刚开始使用的第三代业务气象卫星甚高分辨率扫描辐射计大体相同。在工程研制过程中，解决了图像信号数字化和星上图像信息的实时处理，使甚高分辨率扫描辐射计的信息格式与美国气象卫星相同，以便各国已建立的地面接收站能兼容接收我国"风云一号"卫星的图像资料。重点突破了 45 度旋转扫描镜的长寿命空间润滑、工作温度 105 开空间辐射制

▲ 在真空低温容器中进行红外通道性能检验和辐射定标

▲ 空间辐射制冷器，工作温度 105 开

▲ "风云一号"极轨气象卫星

▲ "风云一号"卫星甚高分辨率扫
描辐射计

冷器、辐射计红外通道的性能检验和辐射定标、仪器的空间及
力学环境适应性等关键技术，使三通道甚高分辨率扫描辐射计
的性能指标全面达到任务要求。

具有我国特色的"风云一号"

尽管三通道甚高分辨率扫描辐射计的扫描速率、图像地面
分辨率、图像信息格式与美国运行的甚高分辨率扫描辐射计相
同，但探测通道比美国卫星少 2 个，美国是 5 个，而我们只有
3 个，按五通道编排的图像信息格式中有 2 个通道位置空闲。当

时的国防科工委同意国家海洋局提出增加 2 个海洋通道的要求，决定第一颗"风云一号"气象卫星按具有 5 个探测通道的甚高分辨率扫描辐射计技术状态发射，使我国气象卫星兼有海洋观测功能，形成我国气象卫星的特色。

1988 年 9 月 7 日 04∶30，我国第一颗"风云一号"气象卫

▲ 第一颗"风云一号"卫星获取的第一幅云图（1988 年 9 月 7 日）

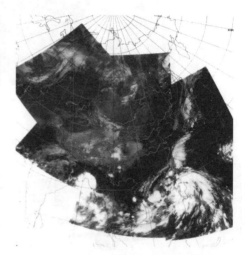

▲ 第一颗"风云一号"卫星获取的第一幅红外多轨拼图（1988 年 9 月 19 日）

▲ 第一颗"风云一号"卫星获取的台风云系图像（1988 年 9 月 13 日）

▲ 第一颗"风云一号"卫星获取的巴丹吉林沙漠图像（1988 年 9 月 10 日）

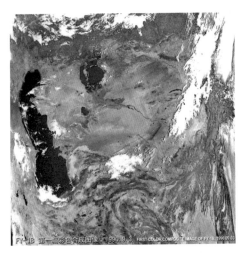

▲ 第二颗"风云一号"卫星获取的第一幅彩色合成图像——俄罗斯中亚地区（1988年9月3日）

▲ 第二颗"风云一号"卫星记录回放图像——阿拉伯海及波斯湾地区（1988年9月20日）

星用"长征四号"B火箭在太原卫星发射中心成功发射，获取的可见及近红外图像清晰，层次分明，表明扫描辐射计具有良好的对地观测性能。但红外通道在1988年9月19日开通后出现信号衰减情况，是辐射制冷器携带的地面水汽在红外低温光学部件上凝结所致。

为克服水汽污染的影响，在第二颗"风云一号"卫星扫描辐射计研制中，加强了辐射制冷器在部件制造、装配、试验和运输全过程中的水汽控制，直到卫星发射。1990年9月3日第二颗"风云一号"卫星发射入轨后，扫描辐射计的轨道工作始终正常，红外通道的水汽污染得到控制，获得的可见和红外通道的图像质量优良，直到1992年卫星废弃。至此，"风云一号"360转/分甚高分辨率扫描辐射计的研制任务圆满完成。

1991年11月7日，中国科学院与航空航天部联合主持了"风云一号"甚高分辨率扫描辐射计鉴定会，认为：一系列技术难题的解决，在国内是开创性的；仪器的总体功能与技术指标达到国际先进水平；仪器设有2个海洋观测通道，形成了中国气象卫星的特色；可见及红外图像清晰，生成了多种实用的图像资料，取得了明显的效益；联合国世界气象组织认为，中国"风云一号"气象卫星的成功发射与它的高质量图像，对国际气象事业作出了贡献。

1993 年该项成果获国家科学技术进步奖一等奖。

不断前行的中国气象研究

甚高分辨率扫描辐射计的研制工作持续了近 20 年。期间，科研团队紧紧跟踪国际气象卫星遥感技术的发展，把握应用需求，突破技术关键，主动提出提高仪器性能，实现了从 48 转 / 分到 120 转 / 分扫描辐射计，再到三通道 360 转 / 分甚高分辨率扫描辐射计和增加海洋观测通道的技术发展，迅速缩小了与国外

▲ "风云三号"气象卫星上搭载的中分辨率光谱成像仪

的差距，使我国气象卫星扫描辐射计达到国际先进水平。

在甚高分辨率扫描辐射计基础上发展的十通道扫描辐射计，分别装载在 1999 年和 2002 年发射的"风云一号"C 星和 D 星上入轨业务运行，因卫星工作稳定和遥感仪器性能优良，2000 年起被联合国世界气象组织列为国际业务卫星，为祖国赢得了荣誉。

"风云三号"气象卫星是为满足中国天气预报、气候预测和环境监测等方面迫切需求而建设的新一代极轨气象卫星，其目标是获取地球大气环境的三维、全球、全天候、多光谱、定量、高精度资料。它的升空入轨，标志着我国极轨气象卫星和卫星气象事业成功地实现了技术换代，实现了新的跨越发展。"风云三号"上搭载的扫描辐射计作为卫星业务应用连续观测的有效载荷基本配置，主要任务是获取共 10 个波段的地球二维景象信息，以 1.1 千米分辨率发送、处理并做全球图像记录。

除十通道扫描辐射计外，上海技术物理研究所还为"风云三号"卫星业务运行提供了其余 3 台光学遥感仪器，均为我国首次研制，性能已达到并且部分超越当时运行的国际同类产品。如今，"风云三号"D 星已经升空，其上的中分辨率光谱成像仪 Ⅱ 型还原了一个最"真实"的地球。相机空间分辨率 250 米，幅宽超过 2800 千米，每天都能将全球"扫"2 遍，可与美国最新发射的极轨气象卫星的成像仪器相媲美。

（图文／中国科学院上海技术物理研究所）

1990 年

「风云一号」卫星甚高分辨率扫描辐射计研制成功

1991 年

我国第一套自主
知识产权大型数字
程控交换机诞生

1991 年 11 月，由解放军信息工程学院与中国邮电工业总公司联合研制的我国第一台拥有完全自主知识产权的大型数字程控交换机——HJD04 机在邮电部洛阳电话设备厂诞生，打破了西方世界所谓的"中国自己造不出大容量程控交换机"的预言，标志着"七国八制"长期垄断中国程控交换机市场格局的终结，从根本上扭转了我国电信网现代化建设受制于人的被动态势，同时也树立起国人用自主知识产权高技术产品自主建设国家信息基础设施的信心和决心。

1995 年，HJD04 机获得国家科学技术进步奖一等奖。

竞争世纪末和新世纪初
全球最大的电信市场

20 世纪 80 年代初，改革开放春潮腾起，我国经济开始起飞，但作为经济发展基础之一的通信设施却十分落后。固定通信网全国用户数还不到 500 万户，且设备十分落后、陈旧，甚至一些 20 世纪 30 年代安装的机械式交换机还是许多省会城市的主力设备。已经谈不上先进意义的国产纵横制交换机产品也刚刚进入通信网不久，"网络可靠性差、服务水平低下、打电话难"成为制约我国经济发展的"瓶颈"问题。而诞生于 20 世纪 60 年代，成熟于 70 年代，有"现代通信业骄子"之称的程控交换机当时正风靡世界。与老式交换机相比，程控交换机无论在功能和性能方面，还是在业务种类与服务质量方面，就像乘火箭与骑马一样相差十万八千里。

通信网是现代社会的神经中枢。经济要腾飞，社会要发展，必须首先实现通信网络的现代化，其中关键的是要解决传输网的数字化与交换网的程控化问题。在我国尚未掌握技术和具备产业能力的情况下，只能抱着"让出市场换回技术"的良好愿望，全方位地开放中国市场，引进各种传输设备和程控交换机产品。

1978 年，大型程控交换机仍然是西方国家对中国限制出口的高技术产品，福建省邮电管理局只能与日本富士通公司签署协议，引进尚处于图纸设计阶段的万门数字程控交换机 F150。随着中国市场的吸引力不断增强，一些西方跨国公司通过各种变通的办法试图绕过限制壁垒打入我国市场。短短几年，来自主要发达国家 8 种制式的数百万线容量的程控交换机在我国电信网上运行，客观上促进了中国通信设施的现代化，缓解了经济发展的燃眉之急。然而，高昂的设备价格无情地吞噬着我国宝贵的外汇储备，也严重地制约了国家通信网的规模和发展速度。20 世纪 80 年代初期引进的程控交换机产品平均每线价格在 500 美元左右，到 90 年代初价格水平仍然处在 400 美元以上的高位。此外，交换机软件版本升级费用高昂，如电话号码由 6 位升至 7 位这样不大的软件修改，交换机生产厂商竟开出上百万美元的高价。运行维护成本也很高，备品备件、耗材、人员培训、环境保障等收费科目不仅繁多且价格令人瞠目结舌。更为严重的是，进口交换机的全英文、命令行式的人机界面对中国操作人员提出了近似苛刻的使用要求，除了一些大中城市，我国大部分地区的电信局、邮电局很难招到或留住合格的操作使用人员，通信网的现代化建设面临"好不容易买了马但配不起鞍"的窘境，花高价购买的设备难以发挥出应有的使用效能。更令中国科技人员痛心的是，程控交换机产品的设计寿命至少在 40 年以上，一旦安装，一般会使用 20 年左右，期间的扩容和升级活动通常基于初期购买的设备平台，因而在商业上具有典型的"跑马圈地效应"，对于技术的后来者来说，即使攻克了技术难关也很难打破已经存在的市场格局。因此，各大跨国公司依靠技术领先优势投巨资竞相瓜分中国电信市场，以期使其"跑马圈地效应"最大化，不仅要获得现实的市场份额，而且要"预占"未来的市场利益，并尽可能地遏制或压缩中国民族高技术产业的发展空间。

　　落后肯定要挨打，吃亏是必然的。由于没有自己的大型程控交换机技术和产业，整个 20 世纪 80 年代到 90 年代初，我国电信网的发展饱尝了受制于人的苦涩，中国通信制造业也处在"让出了市场仍未能换回技术"的尴尬境地。好在现实的严酷性使国人终于悟出了"高技术是买不来、换不来的"这一基本道理。中国必须要有自己的大型数字程控交换机技术和产业。

依靠原始创新　一步跨越 15 年

中国拥有世界上最大的程控交换机市场，中国的发展呼唤自己的程控交换机技术和产业。也许是命运的安排，邬江兴，一名年轻的军人，一位计算机专家，一位与电话技术毫无瓜葛的人，被推到了研制大型程控交换机的前沿，他和鲁国英、罗兴国及其他战友奇迹般地实现了中国通信史上的一次伟大跨越。

当时的邬江兴，已经是一名崭露头角的计算机工程师。早在 1982 年，他就大胆提出了每秒 5 亿次运算能力的大型分布式计算机 DP300 的设计构想，并和战友们花了两年多的时间初步完成了总体设计，引起国内学术界不小的反响。然而，研制程控交换机，对他们来说却是隔行如隔山。1985 年的邬江兴连电话机原理都不懂。他先把自己桌上的拨盘式电话机拆开，弄清楚什么叫受话器、送话器，什么叫二/四线转换器，再一头扎进图书馆从电话交换机科普读物看起，找朋友托关系进电信机房近距离地感受交换机是如何工作的……18 个月后，邬江兴与他的战友们硬是用独特的思维和极富创意的技术方法，成功开发了一台当时国内容量最大且性能指标接近数字设备的模拟程控交换机——G1200。

1987 年，国内程控交换机市场正是"洋货"主宰的

▲ HJD04 机缔造者（从左至右依次为：鲁国英，罗兴国，邬江兴）

时候，中国邮电工业总公司的企业家以其敏锐的直觉，不仅看中了邬江兴的研究成果，更看重了他所带领的开发团队那种敢于挑战传统的特有创新潜质，毅然同解放军信息工程学院签订了开发大型数字程控交换机的一揽子合同。合同的预期设想是先开发 2000 门的数字用户交换机，然后与国外同行合作开发万门数字程控交换机。

这是一个稳妥的开发计划。但邬江兴认为，搞国际合作开发对于充分开放的中国市场来说是远水不解近渴，很可能会错失进入市场的良机。高技术的发展日新月异，必须通过大胆的创新，进行跨越式追赶，才能有望尽快跻身国际竞争的行列中。于是，他们决定放弃 2000 门用户交换机的设计方案，直接开发万门程控交换机！

人们议论纷纷："这些人怕是疯了！"回顾国际上研制、开发大型程控交换机的历史，哪一个国家不是投入了数亿美元以上的资金，调动了数千名科技和工程人员参与，付出多年的努力才修得正果。而邬江兴麾下只有十几个人和区区 300 万元人民币的经费，是否过于异想天开了？

"中国搞不出万门程控交换机。"国内外都有人如此断言。邬江兴不服：中国的通信网核心设备不能只用外国的！

为尽快拿出万门程控交换机方案，邬江兴把自己和伙伴们关在一间小屋里冥思苦想……终于，他像科学巨匠突然发现一个新原理一样："为何不跳出交换机的思维框架，而用计算机的体系结构来开发程控交换机？"于是，他和战友们以曾经开发过的大型分布式计算机 DP300 体系结构为基础，把重点聚焦在如何开发一个能高效地提供程控交换业务的专用大型计算机系统的思路上。按照这个想法，他们马不停蹄、挑灯夜战，经过 14 个日日夜夜的突击研究，一个震惊世界的、独具特色的大容量数字程控交换机总体设计方案诞生在中国大地上。

几度花开花落，几度大雁南飞。1991 年 12 月，我国通信领域知名的专家学者云集洛阳，对中国造的 HJD04 机（04 机）进行严格的鉴定，结论是：设计新颖，性能可靠，达到当代国际先进水平，呼叫处理能力达国际领先水平。外国权威专家也公认该机完全可以与国际上最先进的机型相媲美，特别是逐级分布式体系结构和全分散复制 T 交换网络这两大技术，完全属于中国人的原始创新，是对世界交换技术发展的重要贡献！

更让人自豪的是，"04 机"的所有关键技术被牢牢地掌握在中国人手中。中国终于有了可以同外国相抗衡的通信高技术，国际通信产业界人士也惊呼："中国 4 号机来了！"

▲ 我国第一套拥有自主知识产权的大型数字程控交换机——HJD04 机

发挥引领作用　带动群体突破

"04 机"研制成功，打破了发达国家对我国的技术封锁和市场垄断，照亮了民族信息通信产业的广阔天空。

在之后的十余年时间里，中国通信设备制造业以大型数字程控交换机 HJD04 机的技术突破为契机，成功实现了智能网、光传输与交换、综合业务数字网、软交换、路由器和无线移动通信等产品领域的跨越式发展。一个个成功，使国人树立起用自主品牌高技术产品构建信息基础设施的信心，形成信息通信技术领域的核心自主知识产权和累计数万亿元的销售业绩，为我国通信网络的快速现代化和成为全球最大规模的信息通信基础网作出了巨大的贡献。

在"04 机"的带动下，以"巨大中华"为代表的我国信息通信高技术企业实现了"群体突破"和"走出国门参与世界市场竞争大格局"的目标，培育出了一批国际知名企业，中兴、华为等公司已位于全球信息通信设备制造业"第一集团"的前列。在通信技术标准和规范方面，我国企业正在完成从跟随者到领跑者的角色转变，以第三代移动通信标准"TD-SCDMA"为代表，中国在信息通信领域国际标准化组织已经取得具有历史意义的话语权。

▲ HJD04 机参加 1997 年莫斯科国际电信展

▲ HJD04 机获俄罗斯入网证新闻发布会

"04 机"的巨大成功，树立了科技改变人民生活的成功范例。1992 年，"04 机"正式投入规模化生产，一举打破了西方公司的技术封锁和价格垄断，使电话通信网的建设成本从 1988 年的平均每线近 500 美元降低到每线 130 美元左右，大大加快了我国通信网的规模发展速度。随着技术的转移和扩散，1995 年，华为公司的 C&C08、中兴公司的 ZXJ10 等自主知识产权机型相继开发成功并投产，使得国内通信网中自主知识产权程控交换系统的安装比重一举跃升到 2001 年的 80% 以上，平均每线价格也降至 40 美元左右。

据工业和信息化部有关数据显示：截至 2017 年，我国移动电话用户数量已突破 14 亿户，同期我国固定电话数量 1.94 亿户，我国已经成为全球最大的电信市场。

立足自主创新　打造"中国方案"

"04 机"的研制成功，不仅带动了技术领域的重大创新，更打造了一支国家级的创新团队。1994 年，在"04 机"团队的基础上，国家科技部依托原解放军信息工程学院组建了国家数字交换系统工程技术研究中心。

20 多年来，"04 机"团队在网络通信与交换技术领域继续攻坚，拿下了一个又一个高地，为我国信息通信领域实现从跟跑并跑到并跑领跑发挥了不可替代的重要作用。

从 2002 年开始，作为"十五"国家"863 计划"重点专项"高性能宽带信息网（3TNet）"项目总体组组长的邬江兴，组织 53 家参研单位、2000 多名科研人员联合攻关，不走"流量工程控制 + 复杂 QoS 控制"的主流研究路子，提出"电路交换、广播推送和分组交换双融合"的创新方案，一举跨越传统网络"尽力而为"的思维定势，设计出一条通向未来的中国特色"宽带信息"之路，顺利实现"T 比特传输、T 比特交换和 T 比特网络应用"的目标，成为国家下一代广播电视网的基础技术架构。

也就从这一刻起，国家"三网融合"战略实施有了技术支撑：

◎通过网络整合，实现了话音、数据、视频等多业务综合集成，并衍生出图文电视、视频邮件、网络游戏等更加丰富的增值业务类型。

◎通过终端整合，将视频点播、上网冲浪、移动通信、互动电视等功能在机顶盒上融为一体。

◎通过标准整合，形成了中国特色的网络演进方案。

◎通过资源整合，铺设了一条满足多种需求的信息之路，为运营商提供了全业务运营的基础平台。

创新的网络架构、独特的设计理念、先进的技术手段等，促使华为、中兴、烽火等国内通信高技术企业相关技术和产品处于国际领先地位，我国自主创新的互动新媒体网络技术和产品步入世界前列。据不完全统计，截至 2011 年 4 月，累计产生的直接经济效益超过 34 亿元。

2013 年，英国《新科学家》杂志以"中国下一代互联网举世无双"为题，在对高性能宽带信息网的报道中写道："作为网络领域的新王者，中国正在构造更快更安全、领先西方的网络。"

国家在"十五"规划和《国家中长期科学和技术发展规划纲要（2006—2020 年）》中，均将"宽带接入技术创新""促进电信、电视、计算机三网融合"作为重点任务。

国家的需要就是团队的命令。"04 机"团队成立联合项目组，在国家重点科研计划项目的支持下，累计投入数千人／年开展"大规模接入汇聚（ACR）技术体系"项目研究，创造性解决了体系结构设计、业务性能保障、网络安全管控等难题，提出大规模接入汇聚体系并取得了宽带接入技术系列创新，于 2006 年首次研制出可同时覆盖 6 万用户、支持数据和电视业务高效接入服务的原型系统，2008 年研制出支持数据、语音、电视、流媒体和互动多媒体的大规模接入汇聚系统。

国内十余位知名网络与通信技术专家一致认为，该技术前瞻性强、研究起点高、技术难度大，在宽带多媒体网络技术领域取得了多项开创性成果，整体技术居国际先进水平，推动了我国宽带接入网络技术的跨越式进步。同时，以该项技术为核心研制的相关设备已全面应用于国内所有主流运营商，覆盖所有省份，并进入国际高端电信市场，为我国打造了安全、开放、共享的信息化基础设施平台。

该成果的诞生与大规模应用，直接促进了我国具有自主知识产权的宽带网络产业快速发展，打造出兼顾电信、电视、互联网全方位服务的"新引擎"，搭建起百姓"出门上高速"的信息快车道，为国家实施"三网融合""宽带中国"重大战略提供了关键技术支撑。

信息网络的奔涌向前，并未掩饰它自身的隐忧。一方面，世界各国在高性能计算领域你追我赶，不断刷新性能指标。但随着新峰值计算的突破，其面前的"三座大山"似乎也越来越难以逾越：现有体系结构下的计算系统实际应用性能仅有峰值性能的 5%～10%；用户无法自主参与计算资源的配置和计算过程的控制；高性能带来高耗能，例如，谷歌的云计算中心日耗电量与整个瑞士日内瓦相当。另一方面，网络的触角蔓延到世界的每个角落，但斯诺登事件、乌克兰电网事件和震网病毒、勒索病毒等事件频发，网络安全问题已经让我们感受到了它的巨大威力，成为信息时代挥之不去的梦魇。

这时，信息网络领域的"国家队"再次站到了排头。从2007 年开始，邬江兴带领团队融合仿生学、认知科学和现代网络技术，首次提出"拟态计算"的概念，并联合了国内多家科研单位，从理论研究、算法分析、技术实现入手，开始了艰难的探索。

2013 年 9 月，以此为核心理念设计的世界首台拟态计算机原理样机一经问世，就高票入选由两院院士评选出的"2013 年度中国十大科技进展"。测试表明，拟态计算机"依靠动态变结构、软硬件结合实现基于效能的计算"，能效可比一般高性能计算机提升十几倍到数百倍，实现了高效能的设计目标。

与之类似，在 2017 年 6 月美国国防高级研究计划局（DARPA）启动的"电子复兴"计划中，将"软件定义硬件"项目列入其中，以便应对信息技术领域即将面对的来自工程技术和经济成本方面的挑战。我国比美国提出类似思想要早八年！

创新脚步一刻未止。也是在 2013 年，邬江兴将"变结构计算"演绎为"变结构防御"，又提出了"拟态防御"新理论，联手复旦大学、浙江大学、上海交通大学、中国科学院信息工程研究所等十余家科研院所和中兴通讯、烽火通信等国内信息技术企业，开始了挑战"易攻难守"网络安全态势的征程。

▲ 2018 年 1 月，世界首套拟态防御网络设备正式上线应用

  2016 年，"Web 服务器拟态防御原理验证系统"和"路由器拟态防御原理验证系统"在上海研制成功，拟态防御基本理论和方法取得了实质性进步。从 2016 年 1 月开始，国家科技部委托上海市科委组织了国内 9 家权威评测机构，组成众测团队开展原理验证测试。期间有来自国内网络通信和安全领域的 21 名院士和 110 多名专家参与了不同阶段的测评工作。专家采用黑盒测试、白盒测试、渗透测试、对比测试等传统手段和人为预置后门、注入病毒木马等非常规手段，试图冲破拟态防御系统侵入所防护的网络空间。在长达 6 个月的多轮众测中，没有一次攻击成功，系统达到理论预期。

  如今，世界首套拟态域名服务器、基于拟态防御理论开发的成套网络设备均已在工信部统一部署下，完成全球首次部署应用，正为构建网络空间安全新秩序提供完整的"中国方案"，同时开辟出一片新产业蓝海。

  这支从 HJD04 机走出来的队伍，在 2016 年国家科学技术奖励大会上，被授予国家科学技术进步奖创新团队奖，团队带头人受到党和国家领导人亲切接见。

这是对他们过往的褒奖！

这支一直面向未来、面向国家重大需求的队伍，在历次信息技术转型浪潮中，都是排头兵、攻坚队！

属于他们的故事还在继续……

（图文／邬江兴院士办公室）

1991年

我国第一套自主知识产权大型数字程控交换机诞生

1992 年

我国新核素合成和研究取得重大成果

1992 年，中国科学院近代物理研究所"新核素合成和研究"重大项目科研组的张立、袁双贵等科研人员，在世界上首次合成了汞-208 和铪-185 两种新核素，与中国科学院上海原子核研究所合成的铂-202 一起，实现了我国在新核素合成和研究领域"零的突破"，把五星红旗插在了核素图上。这项重大成果被评为 1992 年全国十大科技成就之一。

原子核的奥秘

路过中国科学院近代物理研究所大门的人，目光会不由自主地被重离子冷却存储环大厅外墙上由彩色马赛克勾勒出的核素图与星系悬臂图所吸引。这正是兰州重离子加速器国家实验室的物理学家在做的事情：通过研究极小的原子核来了解宇宙的过去、现在与将来。

宇宙起源于大爆炸，最初产生了高温夸克胶子等离子体，随着体系的膨胀冷却，夸克凝聚形成了质子和中子，然后核子聚合产生了氢、氦和少量的锂，这些原初轻核素在引力作用下形成了宇宙中最早的恒星。在至今的 100 多亿年里，宇宙演变

▼ 兰州重离子加速器国家实验室外景

成各种星体并通过核合成过程产生了并正在产生着从氢到铀的元素，最终形成了今天丰富多彩的物质世界。因此，核合成过程驱动着宇宙的演化。

原子核是由质量非常接近的两种核子——带正电荷的质子和不带电的中子，通过核力结合在一起形成的。核素指具有一定数目的质子、一定数目的中子组成的原子核。核素图的纵坐标表示质子数 Z，横坐标表示中子数 N。质子的数目 Z 确定时，核力的性质决定了能够与之聚合形成原子核的中子数 N 有一定范围，最少 N_{min}，最多 N_{max}；大于 N_{max} 时，多余的中子束缚不住，会滴出来，N_{max} 称为该元素的中子滴线；小于 N_{min} 时，质子会滴出来，N_{min} 称为该元素的质子滴线；这两个滴线确定了核素存在的边界。确定原子核存在的范围、寻找自然界中最重的原子核，是核物理学家正在努力回答的两个前沿科学问题。

核素图上首批中国拓荒者

改革开放 40 年，中国的经济是从引进西方资本和技术，利用我国廉价劳动力，逐步积累并快速发展起来的。我国的基础科学研究也是从模仿开始，努力追赶世界先进水平的。20 世纪 80 年代末，我国新核素合成才开始布局，在国家科学技术委员会、国家自然科学基金委员会的支持下，中国科学院将新核素合成列为"八五"重点科研攻关项目。从 1989 年起，研究人员提出了在"重质量丰中子区"合成新核素的新思路，中国科学院近代物理研究所张立和袁双贵等研究人员分别领导研究小组，在简陋的实验条件下，凭着刻苦奋进、顽强拼搏的精神，用了三年时间，于 1992 年成功合成、分离并鉴别出了新核素汞-208 和铪-185，把五星红旗插上了核素图。国家科学技术委员会在贺信中写道：

新核素的合成与鉴别是一项难度很大、水平很高的基础性研究工作，这一工作对原子核的深入认识有重要意义，对核结构理论的检验起重大作用。

在我国新核素合成取得突破后，近代物理研究所的科研人员再接再厉，在 2004 年年底，共合成和鉴别了 25 种新核素，对 20 多种核素的衰变性质进行了研究。其中徐树威领导的小组在近 10 年间合成了 11 种新核素，进行了比较系统的衰变谱学研究，与近代物理研究所的高自旋态研究成果一起荣获 2011 年国家自然科学奖二等奖。这些成果都是在比较落后的实验条件下取得的，老一辈研究人员专心致志、吃苦耐劳、坚韧不拔等优良品质起了很大作用。

工欲善其事　必先利其器

超重元素的合成是一项相当艰巨的基础研究，也是一个国家综合实力在科技领域的具体体现。当向着原子核存在的极限——滴线与超重方向前进时，所涉及核素的生成截面越来越低，寿命越来越短，原来使用的传统技术已不能满足实验要求。30 年前，在我国刚布局新核素合成研究时，世界先进核物理实验室将质子滴线核与超重核作为主攻目标，纷纷建造选择性高、传输效率高，适用于研究产生截面低（pb 量级）、寿命短（微秒量级）目标核的电磁分离谱仪。德国的重离子研究中心（GSI），俄罗斯的联合核研究所（JINR），日本的理化学研究所（RIKEN），瑞士的保罗谢尔研究所（PSI），美国的劳伦斯伯克利（LBNL）、阿贡（ANL）和橡树岭（ORNL）三家国家实验室，芬兰的于韦斯屈莱大学（JYFL）等实验室都建造了充气或真空的电磁分离谱仪，电磁分离谱仪成为加入国际超重俱乐部的标配仪器设备。

根据自身的实验条件，近代物理研究所一直将超重核研究作为一个重要的研究方向。詹文龙院士领导的小组设计了反冲核充气分离谱仪，谱仪的二极和四极磁铁于 2008 年安装完成。甘再国研究员领导的小组从一堆裸磁铁开始，建立了谱仪充气系统、转靶系统、探测和数据获取系统，在对充气谱仪实际经验为零的基础上开始了调试，这个阶段充满了各种状况和挫折。在束调试时，甘再国经常守在实验室连续两三天不合眼。经过三年的试错、摸索，基本摸清了充气谱仪的各种参数，于 2011 年合成了第 110 号元素的核素鐽-271，验证了其衰变性质，表明我国具备了开展超重核研究的实验条件，这是迄今为止在国内合成的最重的核素。

轻锕系核区的新突破

在逐渐摸透充气谱仪脾性的基础上，甘再国小组接连合成锕-205、铀-215、铀-216 三个极缺中子新核素。

近几年，为了开展短寿命核素研究，进一步完善超重谱仪上的测量条件，系统降低了电子学噪声，使用了双面硅条探测器和上升时间极快的前放，并采取有效的冷却措施，α 粒子能量分辨提高到 2 万电子伏左右，达到世界一流水平。开发出数字化波形采样数据获取系统和波形分析技术，将可以研究的核寿命从毫秒量级降到纳秒量级。2016 年合成短寿命的新核素镎-223、镎-224，其中镎-223 只有约 2 微秒，它的子核镁-219 是核素图上寿命最短的 α 衰变核素，只有约 60 纳秒。建立了镎-223→镁-219→锕-215→钫-211 完整的 α 衰变链，也是首次实验建立镁-219 的 α 衰变链。建立衰变链是核素识别

▲ 反冲核充气分离谱仪

的关键。2017 年科研人员又合成了最轻的两个镎同位素镎-219、镎-220，其中镎-219 的质子分离能已从正值变为负值，由此确定了镎元素的质子滴线，这是截至目前实验上所确认的最重的质子滴线。

壳结构是超重元素能够存在的关键，如果没有壳效应，最重的元素不会超过第 100 号元素。关于是否存在 $Z=92$ 的质子亚壳，学术界在理论上长期以来一直存在争议。近代物理研究所得到的镎-219、镎-223 的实验数据都不支持 $Z=92$ 亚壳的存在，有效甄别了预言超重元素的众多理论模型。

待耕耘的大片处女地

目前，我们已知道从氢到铁元素的合成机制和天体场所，但比铁重的元素的来源尚不清楚。因此，"从铁到铀的元素是如何产生的"被列为 21 世纪待解决的 11 个重大物理问题之一。

普遍接受的观点是，宇宙中约一半的从铁到铋的元素以及原子量大于 209 的全部元素，是通过快中子俘获过程产生的。快中子俘获过程涉及丰中子核区的大批未知核素。但目前我们尚不能确定快中子俘获过程发生的天体环境和场所（最可能的天体场所是双中子星并合或超新星爆发）。

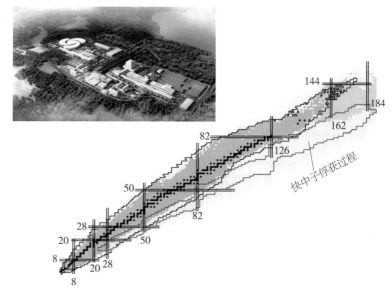

▲ 在下一代强流重离子加速器装置（HIAF）上合成新核素展望

可以期望，基于下一代大科学装置强流重离子加速器装置 HIAF（由近代物理研究所负责建造的国家"十二五"大科学装置），利用我们新研制的通用实验设备，将在超重核区和重丰中子核区大片处女地上耕耘，探索回答有关最重元素和宇宙演化等基本科学问题。

（图文/中国科学院近代物理研究所　刘忠　袁海博）

1993 年

北京自由电子激光装置获红外自由激光

1993 年 5 月 26 日，经过六年艰苦卓绝的工作，由中国科学院高能物理研究所、原子能科学研究院、中国科学院上海光学精密机械研究所和中国科学院上海原子核研究所（现中国科学院上海应用物理研究所）等承担的国家"863 计划"高技术项目"北京自由电子激光装置"（BFEL），成功实现红外自由电子激光受激振荡，并于 12 月 28 日凌晨顺利实现饱和振荡。这项工作获 1994 年中国科学院科学技术进步奖特等奖、1995 年国家科学技术进步奖二等奖。

发现新光源

自从 1960 年第一台激光器问世以来，人们一直在寻找一种新光源，这种光源能够填补远红外和 X 射线两个缺少合适激光光源的空白谱区，可以作为探测工具应用在材料科学、生物医学、激光化学、凝聚态物理等领域的科学研究中。1971 年，J. M. J. 梅迪博士完成了相对论电子通过波荡器产生高功率相干辐射的理论研究，自由电子激光（free electron laser，FEL）于是得以命名。6 年后，梅迪和他的同事利用斯坦福大学的加速器和波荡器实现了波长为 3.4 微米的自由电子激光振荡实验。

自由电子激光与常规激光各有不同的工作机制。常规激光利用束缚于原子内的外层电子在不同能级之间的跃迁发光，来实现光能的相干受激增长。自由电子激光也利用电子发光，但是发光的电子不受原子核束缚，它们在穿越电磁场空间时会发出同步辐射，当这些同步辐射与成束的、沿同一方向飞行的自由电子发生互相作用时，最终也产生光能的相干受激增长。在常规激光中，电子能量受量子化限制，电子跃迁的能级以及能级间隔是固定不变的，所以相应激光的"颜色"是不能连续可调的。在自由电子激光中，电子能量不受量子化限制，能级观念不再生效。自由电子激光的"自由"表现在可以通过调节各种参数连续地改变激光的"颜色"。进一步地，利用自由电子激光原理可以产生从太赫（波长 300 微米）到硬 X 射线（波长 0.05 纳米）的广谱激光。

就目前技术而言，所有常规激光加起来能够覆盖从中红外（波长 20 微米）到近紫外（波长 200 纳米）以内的谱区，它们在结构小型化方面更具优势。

FEL 以相对论电子束为能量转换介质，除了波长连续可调，还具有高功率的特点，它在"星战计划"中曾被列为激光武器的备选装置。此外，FEL 在工业制造、核废料处理、通信技术、成像技术等方面也有潜在的应用价值。就 FEL 自身发展而言，如能将激光波荡器技术推向实用，就有望产生 γ 射线激光，γ 射线激光将为我们打开通往奇妙核世界的大门。

在探索中前行

1986 年，在王大珩、王淦昌等前辈科学家的提议下，国务院启动了"高技术研究发展计划"（"863 计划"）。1987 年，由谢家麟院士组织申请的"北京自由电子激光装置"通过了"863 计划"的立项，项目承担单位为中国科学院高能物理研究所，合作单位包括原子能科学研究院、中国科学院上海光学精密机械研究所和上海原子核研究所（现中国科学院上海应用物理研究所）。项目归属"863 计划"高技术激光领域的主题专家组，专家组的首席科学家是杜祥琬院士。

FEL 是一台综合性很强的科研实验装置，它对加速器技术和红外光学技术提出了挑战。北京自由电子激光装置（BFEL）有四大关键部件：高功率宽脉冲速调管调制器、以微波电子枪为核心的电子束注入器、钕铁硼永磁波荡器和五维精确调节光学腔。其他子系统包括微波系统、加速器控制系统、束流测量系统、束流传输系统、机械真空水冷系统、光束传输系统、光学诊断系统。FEL 实验要求所有子系统都必须工作在正常状态，所有关键部件在运行时都必须严格达到设计指标。

自从开展工作之后，课题组每前进一步都会遇到各种困难。首先遇到的困难是研究经费短缺，对此课题负责人采取了两方面对策：第一，合理分配经费的使用，做到"好钢用在刀刃上"；

第二，节约仪器设备的添置，因陋就简，尽量节省零部件加工成本。随后遇到的困难是机械加工进度缓慢。由于许多零部件的设计都是非标的，而且在工艺上还有许多特殊要求，这给加工方按时交件带来难度，通常一套零件在安装前后要几经反复才能通过验收。这一困难给装置的整体组装带来的影响是全方位的，它使得计划中要达到的目标一再被延迟。

真正的拦路石还是出现在技术攻关的道路上。BFEL 虽是一项"技术跟踪"性质的研究，但是国际上成功的例子还很稀少，可资借鉴的经验尚难以搜求。以微波电子枪为例，这种新型电子枪的实验应用只有一个成例，为了攻克难题，谢家麟院士将三位博士生的研究课题集中在与此相关的方向上。由于三维微波计算技术在当时尚未发展成熟，在制作一个实用腔体之前，必须制作出几种模型腔体，并且要在模型腔体上获取全部的测试数据，随后要根据这些数据对实用腔体的设计加以修改。

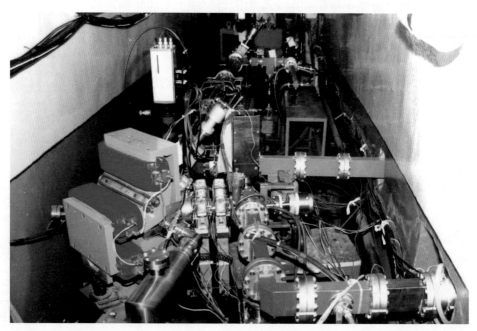

▲ BFEL 加速器总体

▲ BFEL 束流诊断系统

这项工作不但需要细心和恒心的投入，还要求设计者能够随时积累经验，将理论运用到实践当中。当实用腔体成功装线时，又发现工作点出现了偏差，为找到合适的工作点，必须通过反复的实验以确定所有参数。除此以外，阴极发射体的制备也给微波电子枪的研制设置了障碍，它使得微波电子枪无法正常出束。研究小组历经两年的探索终于找到一种成熟的方法，根除了热子短路、阴极脱落、发射不足、电流不稳等不利现象。国内第一台微波电子枪研制的成功，为 BFEL 出光提供了种子。

1991 年，课题组完成了 BFEL 的整体装配，项目进入联机调试阶段。然而，在实验中却发现系统稳定性不高、电子束传输困难、电磁干扰过大、部分设备老化过快等问题。经过几个月的努力，情况有所好转，只是依然无法捕捉到自发辐射信号。这个时候，"863 计划"高技术专题负责人接到一个投诉，该投

北京自由电子激光装置获红外自由激光

诉认为 BFEL 选择的技术路线是不成熟的，因而是错误的，应该中断对它的支持。

正当课题组进退维谷之际，郑志鹏所长来到实验室了解工作进展以及存在的问题。"自由电子激光，困难有希望"，所长的赠语给全体成员留下深刻印象。

第一束光的诞生

1992 年，从事 BFEL 研究的两个研究室（加速器和光学）合并为一体，郑所长任命庄杰佳教授为新研究室的主任。主任要求大家全力以赴投入出光实验，为此在全室范围内选拔出一批青年技术骨干组成运行值班组，其他人员负责为机器正常运行提供保障。

运行值班的工作是枯燥的，它要求值班人员反复调节各种参数，通过仔细观察、鉴别、分析各种来源的信号作出准确的判断，一步一步地找到机器的最佳工作状态。在电子束首次抵达装置终端的时刻，第一个自发辐射信号终于被发现了，这只是实现出光的第一步。

实现受激辐射振荡需要最大限度地满足同步辐射光与电子束在多次循环中保持时空交叠这一必要条件，为做到这一点，必须从驱动电子束的微波功率入手，尽可能地提高微波相位的均匀性。然而，要改善微波功率源的工作状态，就需要有人在电磁辐射的环境下，以微波相位的波形为判据，动态调节高压调制器的分布电感，而调节结果有可能不可逆地变差。这是一项有风险的工作，它不但要求操作者克服心理障碍控制好手感，还需要有足够的经验以作出准确的预判。老职工林绍波挺身承担起这一任务，他穿上胶鞋，戴上胶皮手套站立在高台上，在隆隆机声中，小心翼翼地将绝缘调节杆深深插入在强电中工作

▲ 1993 年 7 月谢家麟教授在 BFEL 装置鉴定会上做报告

的电感线圈……经过一周的实验，微波功率源被驯服了，满足出光条件的工作状态被找到了。

新一轮实验显然更加艰难，它需要交替调节加速器和光学器件，以获得幅度最高并且脉冲最宽的光信号，而一些微小的不稳定现象足以使已达到的状态无法恢复，许多操作不得不从头起步。在失败面前，值班组从未产生放弃的念头，他们相信那只是黎明前的黑暗。闪烁了三个日夜的荧屏，只能显示呆滞的自发辐射信号。在看似徒劳的重复的调节过程中，值班人员下意识地转动某个旋钮，随后发现原本稳定的信号突然发生剧烈的抖动，抖动幅度从几倍迅速攀升到几千倍——是仪器的问题吗？只需稍稍改变调谐即可恢复常态，这正是受激辐射的特征。这是亚洲第一束自由电子激光，这一天是 1993 年暮春。

受激辐射信号是 FEL 实验的路标，沿着这个路标可以实现参数的优化，同时可以改进装置工作的稳定性。在实验结果的引导下，课题组全面展开改进提高机器性能的工作。1993 年年

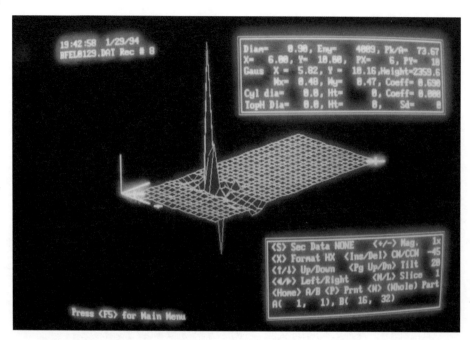

▲ BFEL 饱和输出强度的空间分布

底，BFEL 可以稳定地输出饱和的激光信号了。

　　实现饱和受激辐射振荡是 FEL 研究的最终目标，达到这个目标意味着课题组圆满完成了任务。1993 年，BFEL 被评为我国科技界十大新闻之一和"电子工业部十大科技成果"。1994 年，BFEL 通过了"863 计划"的高技术的鉴定，同年中国科学院授予此项工作科学技术进步奖特等奖，1995 年又获得国家科学技术进步奖二等奖。1997 年，第 19 届自由电子激光国际会议在北京召开，谢家麟院士受聘为大会主席，我国的自由电子激光研究终于跻身世界前列。

　　BFEL 以其艰难的攻关历程培养出许多专业人才，十几年来共有 20 多位青年人从这里起步走向世界各个科研单位。在技术创新方面，BFEL 第一个将钕铁硼材料的波荡器用于 FEL 实验，此类波荡器现在可见于许多 FEL 装置上。值得一提的是，

▲ 北京自由电子激光出光后，王淦昌院士来访 BFEL 实验室，与部分工作人员合影（第一排左起第二位是庄杰佳研究员，第四位是谢家麟院士，第五位是王淦昌院士）

在组成 BFEL 的所有硬件中，占据经费投入 90% 以上的部分都是国产的，这一成就获得日本同行的赞誉。BFEL 的成功表明：所有高技术的研究都建立在成熟的常规技术的基础上，只要不断地提高常规技术的水平，依靠我国自身的加工制造和科研创新能力，就能跟上高技术前沿研究的步伐。

再现辉煌

红外 FEL 具有脉冲功率高、波长大范围连续可调等特点，因此在红外光学的应用研究中，可用作不可替代的光源。1997年以来，在来自各方面的支持和鼓励下，BFEL 开始向制造用户装置的方向迈进。经过几年的努力，机器稳定性获得进一步提高，用户界面得到改善。2000—2003 年，BFEL 每年可为

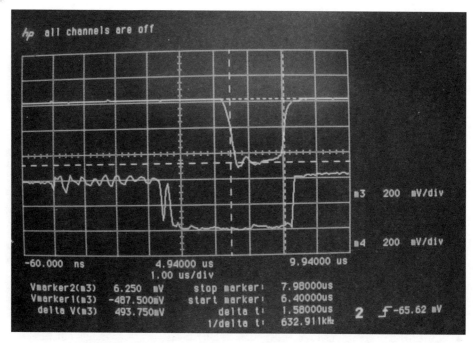

▲ BFEL 搬迁后测得的饱和信号波形，脉冲平顶宽度 2 微秒，大于搬迁前的 1.6 微秒

▲ BFEL 新控制室

用户提供 1000 小时的实验用光，在此期间，已发表 20 多篇研究论文。

2004 年，BFEL 根据中国科学院"一所一址"的办所方针，开始了从中关村应用部到高能物理研究所本部的搬迁工程。这次搬迁要将机器拆散重新组装并且恢复出光，无疑具有较高的难度，它在国内尚属首例。课题组在人员短缺、设备老化、经费不足的情况下克服了许多技术困难，经过三年多的努力，终于在 2007 年年底再次实现了饱和出光。BFEL 已基本完成恢复出光并达到搬迁前运行指标的任务，2008 年 8 月，项目通过了工程验收。

BFEL 的成功搬迁，使课题组通过了考验，并为国内自由电子激光实验技术的研究积累了宝贵经验。1994—2009 年的 15 年间，BFEL 一直是国内唯一能够稳定地实现饱和受激辐射振荡的自由电子激光装置。

（图文／中国科学院高能物理研究所）

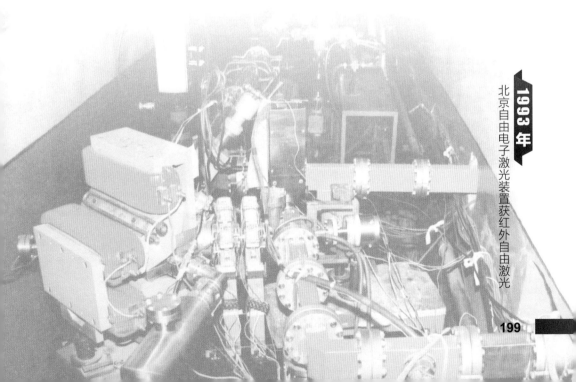

1993 年
北京自由电子激光装置获红外自由激光

1994 年

研制成功潜深千米的自治水下机器人

1994 年，中国第一台潜深 1000 米的无缆水下机器人"探索者号"由沈阳自动化研究所等单位研制成功，其整机主要技术性能和指标达到国际上 20 世纪 90 年代同类水下机器人的先进水平。它的研制成功开创了我国无缆水下机器人研究的新历史，标志着中国自主研发的自治水下机器人技术已趋成熟。本项目于 1995 年获得中国科学院科学技术进步奖一等奖。

中国水下机器人的艰难起步

1956 年，我国掀起了一个向科学进军的热潮，周恩来总理亲自领导制订我国科学发展十二年规划。规划中有四项紧急措施，决定在中国科学院建立四个新型研究所，中国科学院自动化研究所就是其中之一。1971 年，周恩来总理在抓科研工作时更是明确了"科学院应该在广泛深入实际的基础上，把科学研究往高里提"的指导方针。

被誉为"中国机器人之父"的蒋新松是机器人研究领域的开拓者。而早在 1972 年，沈阳自动化研究所的科研人员就提出机器人研究的想法。学术思想活跃的蒋新松瞄准自动化学科的前沿，于 1972 年和同事们一起向中国科学院提出了《关于人工智能及机器人研究》的申请报告，得到有关专家与领导的认同。1978 年中国科学院在十年学科发展规划中确定，沈阳自动化研究所侧重机器人学和系统控制理论及其应用的研究。1982 年，我国第一台机器人在这里诞生，为进一步开展机器人相关单元技术研究提供了平台。

早在 1980 年，蒋新松就提出了研究水下机器人的设想，他带着自己的方案四处游说，向领导、专家和相关部门反复汇报。当时有人说这是异想天开。于是，在没有任何经费支持的条件下，研究所自己立项，开展各项单元技术研究和总体方案设计，直至 1983 年才正式列入中国科学院重点课题。立项课题为"智能机械在海

▲ 蒋新松院士

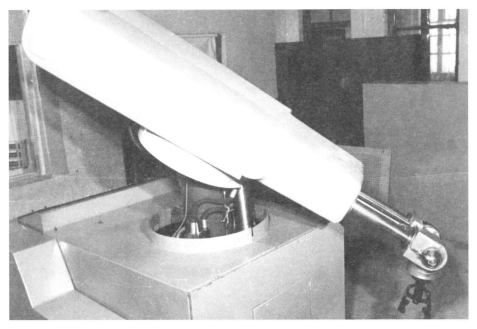

▲ 20 世纪 70 年代研制成功的示教再现机器手

洋中的应用研究",即"海人一号"海洋机器人。在蒋新松的组织领导下,经过两年的攻关,研究所于 1985 年在三亚南海完成了潜深 199 米的海上试验。蒋新松亲临现场参加调试,冒着巨大的风浪指挥试验。这次试验的成功受到国际同行的极大关注,它标志着我国水下机器人研究水平迈入世界先进行列。

"探索者"开创新天地

我国自主水下机器人(autonomous underwater vehicle, AUV)研究始于 20 世纪 90 年代初期,1994 年中国科学院沈阳自动化研究所牵头成功研制我国第一台 1000 米级"探索者"AUV。1995 年沈阳自动化研究所牵头与俄罗斯合作研制成功我国第一台 6000 米级 AUV,并在太平洋锰结核调查中成功应用,开启了我国水下机器人研究的新领域。

为了研发具有世界先进水平的水下机器人，蒋新松提出了自行研制与技术引进相结合的中国水下机器人发展战略。当时美国在机器人技术方面处于世界领先地位，他通过对美国从事水下机器人研究有关单位的考察，选定引进美国沛瑞公司的水下机器人技术。经过艰苦谈判，美方最终同意转让技术，负责培训中方人员。他同时向专家、领导和用户汇报，经过评审，海洋和水下机器人技术开发被列入国家"七五"攻关项目。蒋新松用自己的辛勤汗水和聪明才智为我国水下机器人的研究开发搭建了平台，创造了条件。

1994 年 10 月从南海传来捷报，完全自主研制的 1000 米无缆水下机器人"探索者号"完成了 5 个航次的海上试验，成功地下潜 1000 米水深，成为我国海洋设备到达深海的先驱者。该型号机器人主要技术性能指标均达到国际最先进水平。特别是在回收方式上，"探索者号"在水下应用声学、光学技术组合进行自动跟踪回收，消除了传统回收方式的弊端。它的研制成功，标志着我国水下机器人技术已趋于成熟，使我国在国际海洋权益开发维护上开始有了发言权。

"十二五"期间，特别是党的十八大提出"海洋强国"战略指导思想之后，我国 AUV 研究迎来了快速发展的新阶段。在国家"863 计划"、中国大洋矿产资源研究开发协会办公室和中国科学院战略先导专项等的支持下，面向深海资源调查和海洋科学研究，沈阳自动化研究所成功研制了"潜龙"和"探索"两个系列 AUV，开展了大量的调查应用。

"潜龙"与"探索"
探索海洋的国之利器

深海海底蕴藏着丰富的稀有金属和矿藏。研制深海资源勘查型的深海 AUV，对提升我国深远海资源开发的国际竞争能力、提高我国深远海资源开发利用规模与水平，具有重要的战略意义。面对陆地、近海资源的日益枯竭和新一轮激烈的科技和产业竞争，在中国大洋矿产资源开发协会办公室和国家"863计划"的支持下，中国科学院沈阳自动化研究所作为技术总体单位，先后牵头研制了"潜龙"系列三型深海 AUV 系统，工作水深为 4500 ~ 6000 米。

"潜龙一号"以海底多金属结核资源调查为主要目的，可进行海底地形地貌、地质结构、海洋环境参数等精细调查，为海洋科学研究及资源勘探开发提供必要的科学数据。2013 年 3 月完成湖上试验，潜水器正式由中国大洋协会命名为"潜龙一号"。

"潜龙一号"于 2017 年 9—10 月在西太平洋执行了专项航次任务，共下潜 6 个潜次，在 5000 多米深的复杂海底累计航行 120 多小时，获取大量声学探测数据和温盐等物理海洋数据。

"潜龙一号"是我国拥有自主知识产权的首台实用型 6000 米级 AUV 装备，实现了地形地貌、地质结构和海洋环境参数的

▲"潜龙一号"6000 米级 AUV

研制成功潜深千米的自治水下机器人

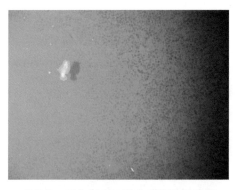

▲ "潜龙一号" 拍摄到的太平洋海底照片

综合精细调查，为中国履行与国际海底管理局签订的勘探合同提供了有效的、不可或缺的技术手段。

"潜龙二号" 集成了热液异常探测、磁力探测、微地形地貌测量和海底照相等技术手段，主要应用于多金属硫化物等深海矿产资源勘探作业。"潜龙二号" 也是我国首台获得中国船级社（CCS）入级证书的无人潜水器。

2016—2018 年，"潜龙二号" 连续三年执行了我国西南印度洋多金属硫化物矿区的航次调查任务，累计下潜 35 潜次，工

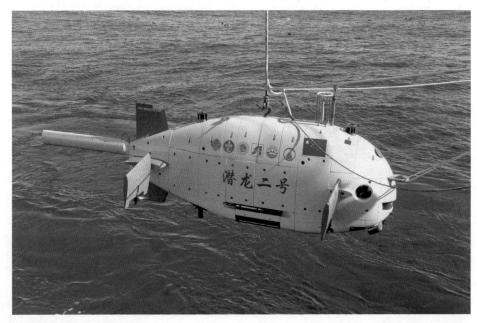

▲ "潜龙二号" 4500 米级 AUV

作时间 700 多小时，获取大量的近海底精细三维地形、区域水体异常、海底照片及近底地磁等分布特征数据，发现多处热液异常点，为该海域海底矿区资源评估奠定了科学基础。

▲ "潜龙二号"拍摄到的深海热液硫化物

"潜龙三号"以完成大洋多金属硫化物矿区的资源调查任务为主要目标，具备微地貌测深侧扫声呐成图、温盐深剖面探测、甲烷探测、浊度探测、氧化还原电位探测、高清照相以及三分量磁力探测等热液异常探测功能。2018 年 5 月，"潜龙三号"完成总计 4 个潜次的海试和试验性应用任务。在海试中，"潜龙三号"在 4000 米

▲ "潜龙三号" 4500 米级 AUV

海域近底连续工作近 46 小时，航程 157 千米，创下我国深海 AUV 单潜次航程最远纪录。

在试验性应用中，"潜龙三号"顺利完成了对南海结核试采区的声学、光学以及相关水体参数的探测，获得了几十千米^{2}的地形地貌数据和上千张结核区海底清晰照片。"潜龙三号"在水下自主探测的同时，还实现了母船在附近海域开展其他科考作业，大大节约了船时，提高了母船的利用率。"潜龙三号"还成功实现了跨区域探测，在完成结核试采区探测后，长途跋涉几十千米，航行至新区域继续进行海底探测作业。

"潜龙"系列深海 AUV 的研发成功，填补了我国深海资源自主勘查技术的空白，达到国际先进水平，有力推动了我国深海资源勘查技术的发展。"潜龙"系列深海 AUV 在多金属结核区和多金属硫化物区的连续成功应用，标志着我国深海勘探型深海 AUV 开始步入实用化和业务化应用阶段，已经成为我国深海资源勘探的利器，必将在未来的深海资源勘探中发挥更重要的作用。

"探索"系列 AUV 是面向海洋科学研究需求研制的拥有自主知识产权的系列 AUV，工作水深覆盖 100～4500 米。"探索"系列 AUV 在我国海洋观测等领域成功开展了应用，获得了大量观测数据，为我国海洋环境探测、海洋观测和海洋科学研究等领域提供了先进的高技术装备。

"探索 100"AUV 是"十二五"国家"863 计划"海洋技术领域"深海

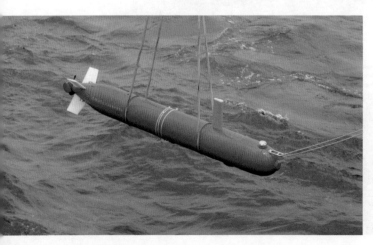
▲"探索 100"AUV

▲ AUV 编队

潜水器技术与装备"重大项目支持研制的便携式 AUV，主要用于水文调查、水下搜索、环境监测等海洋科学使命。

　　围绕应用需求，我国组织开展了多次湖海试验，逐步开展应用，包括基于水声通信的多 AUV 水下编队试验、羽流跟踪试验等，取得了重要研究成果。通过大量湖海试验，AUV 的功能

▲ "探索 1000" AUV

不断扩展、系统的可靠性不断提高，平台技术趋于成熟。

"探索 1000" AUV 由中国科学院战略性先导科技专项支持研制，主要用于获取黑潮海域的水文观测数据，为开展黑潮及其变异对我国近海生态系统影响的研究提供装备支撑。

"探索 1000" AUV 具备航行、潜浮及休眠等多种工作模式，可灵活配置，能够对水深小于 1000 米海域的特定观测点进行剖面连续观测，观测时间不少于 30 天，也可以在该海域进行指定间距的多点连续剖面观测。

2018 年 6 月，针对黄海冷水团三维结构调查的需求，"探索 1000" AUV 水下连续工作近 10 天，航程超过 800 千米。期间，连续获取了 29 个剖面的温盐深、叶绿素、溶解氧、浊度以及海流等观测数据。从获取的剖面数据中，研究人员发现了一个有 12℃温度梯度变化的温度跃层，与黄海季节性冷水团现象相吻合。

"探索 4500" 是在中国科学院战略性先导科技专项支持下，

▲ "探索 4500" AUV

由沈阳自动化研究所联合中国科学院海洋研究所、中国科学院声学研究所共同研制的深海 AUV。

"探索 4500"仍然采用"潜龙二号"的立扁鱼形设计，根据科学需求，加装了更多的传感器，包括温盐深、溶解氧、浊度、pH 等水文传感器，同时还安装有测深侧扫声呐、浅地剖面仪等仪器，集成自主导航、高机动航行、智能避障决策、热液异常探测、微地形地貌测量、近底水体探测、海底照相等技术，可用于深海热液区复杂环境和生态系统的科学调查研究。

2016 年 7 月和 2017 年 7 月，"探索 4500"先后两次对南海冷泉区进行科学调查应用，累计下潜 9 个潜次，获取超过 40千米^2 冷泉区精细地形地貌图、近 2 万张海底照片和 100 小时的理化环境多参数探测数据，为复杂环境下的科学研究提供了大量的数据和有力的技术支持。

改革开放 40 年来，我国的水下机器人技术研究实现了从遥控到自主，从浅海到深海的跨越式发展，水下工作时间从十几小时发展到十天，航程从几十千米发展到近千千米，实现了自主水下机器人的谱系化发展，通过大量的实际应用，进一步提升了装备的可靠性，进一步加强了技术与应用的紧密结合，整体研制能力已达到国际先进水平。

"潜龙"和"探索"系列 AUV 的成功研制和应用，初步构建了我国面向深海资源探测和海洋科学研究的自主探测技术装备体系，实现了 AUV 装备的国产化，为深海资源探测和海洋科学研究提供了重要的技术手段。随着深海技术的不断进步，AUV 研究将向智能化和集群化方向发展，有效提升 AUV 的自主作业能力，必将在海洋科学、资源调查、水下搜寻、环境监测等多个领域发挥更重要的作用。

（图文／中国科学院沈阳自动化研究所）

1994 年 研制成功潜深千米的自治水下机器人

1995 年

"曙光 1000" 大规模并行计算机系统通过国家鉴定

1995 年 3 月，"曙光 1000" 大规模并行计算机系统研制成功，5 月通过由国家科委组织的国家级鉴定，成为我国第一台实际运算速度超过 10 亿次/秒浮点运算（峰值速度 25 亿次/秒）的并行机。"曙光 1000" 是继 "曙光一号" 计算机后我国高性能计算机研制的又一里程碑，是当时国内研制的最高水平的计算机系统。它突破了一大批大规模并行处理（MPP）的关键技术，使中国成为世界上少数几个能研制和生产大规模并行计算机系统的国家之一。该项目获 1996 年中国科学院科学技术进步奖特等奖，1997 年获我国信息领域唯一的国家科学技术进步奖一等奖。

"曙光一号"开启高性能
计算机产业化之路

20 世纪 80 年代,随着世界信息革命的不断深化以及中国改革开放后各个领域研究和生产的发展,高性能计算机的缺乏成了我国信息产业科研以及研制能力发展的"颈瓶"。当时中国并不具备生产高性能计算机的能力,只能从国外进口。由于西方国家的"巴统"禁运,国外发达国家禁止将高性能计算机出口给中国。即使有个别项目特许对中国出口,我国也要付出极大的代价,除了要付高额的采购费用外,计算机的使用还要受到外国人的监视,以防用于国防等敏感应用。这一状况使中国痛定思痛,开始研制自己的高性能计算机。

1990 年,在"863-306"主题专家组的支持下,依托中国科学院计算技术研究所成立了国家智能计算机研究开发中心

▲ 智能中心 1990 年成立时的工作场所——智能中心小楼

（简称智能中心），负责研制曙光系列高性能计算机，由李国杰出任中心主任。经过三年努力，1993年"曙光一号"并行机研制成功，这是我国第一台全对称的多处理机，在国内率先实现了多线程机制和细粒度并行。在研究过程中，研究小组采取了"有所为，有所不为"和与国际接轨的技术路线，投入的人力和资金大大减少，研制周期大大缩短，为我国自主研发高性能计算机探索了一条新路，得到了用户和政府部门的高度评价。

"曙光一号"解决了我国自行研制的通用高性能计算机从无到有的问题。但"曙光一号"的体系结构限制了它的可扩展性，因此，从1993年起，在李国杰的带领下，智能中心开始了大规模并行计算机系统"曙光1000"的研制工作。

"曙光 1000"摘取 1997 年信息最高荣誉

"曙光一号"的研制成功使智能中心具备了研制新一代高性能计算机的基础，但李国杰清楚地知道，"曙光1000"研制的启动需要相当大的勇气，毕竟我国在大规模并行计算机的研制上没有任何技术积累，起步晚，又要迎头赶上，因此如何利用改革开放的大环境，通过学习和自主创新突破大规模并行计算机的核心技术，成了研制"曙光1000"必须要考虑的事情。

从1993年开始，大批著名的专家学者被请到智能中心进行学术交流，其中最重要的一个人就是李凯。李凯是美国普林斯顿大学计算机系的教授，也是早年计算所的研究生，他是当时接触、使用过先进的 Intel Paragon 系统中为数不多的华人高级学者，与他的学术讨论对智能中心了解 MPP 体系结构，设计"曙光1000"大有帮助。智能中心广泛邀请国际知名学者进行学术交流，智能中心人员也频繁出访进行学术研讨。智能中心十分重视人才培养，年轻的研究生团队成为"曙光1000"研制队伍的有生力量。

　　大规模并行机的核心技术是把大量处理机有效连接起来的高速互连网络和每个处理单元的核心操作系统。当时国外提出一种名叫蛀洞路由（wormhole routing）的新互连技术，但国内对这种技术的实现方法还一无所知。李国杰利用出访的机会联系朋友从国外搜集到一批有关蛀洞路由芯片设计的参考资料，带领智能中心率先在国内突破了"蛀洞路由"这一关键技术，研制成功异步通信的蛀洞路由芯片（异步控制芯片调试难度很大，当时国外也没有研制成功），为中国发展大规模并行机探索了一条可行的道路。智能中心探索成功后，国内其他单位也开始采用蛀洞路由技术，其工作机理一直延续到现在。智能中心把处理单元的核心操作系统做得很小巧精致，占用内存很少，为用户提供了更多存储空间，使得"曙光1000"能求解的问题规模大大超过相同处理单元数目的国外并行机。

▲ "曙光1000" 研制团队部分成员

1994 年年初，研制组在昌平龙山宾馆召开了为期 10 天的研讨会，总结前阶段工作的经验教训，分析和细化了设计思路和工艺路线，并制定了严格的工程管理和工艺规范。这次会议不仅确定了"曙光 1000"的技术细

▲ "曙光 1000"

节，还展开了人生观和世界观的讨论，一群年轻人在李国杰的引导下讨论为什么要在智能中心做系统，智能中心的战略和远景（vision）是什么，年轻科研人员的价值取向是什么。经过一次次彻夜探讨，研制组最终统一了认识，也从此担负起了国产高性能计算机系统研制及其产业化的重任，并把系统研制定位在基于国际先进技术和面向用户、面向市场上，这一点再也没有动摇过。"龙山会议"后，研制集体在新的基础上开展"曙光1000"正式系统的研制工作。1994 年 10 月调好了第一个插件箱。1995 年 5 月，"曙光 1000"顺利地通过了国家科委组织的专家鉴定。

"争气机"引爆中国超算跨越式发展

"曙光 1000"的研制成功不仅使智能中心真正在国内外高性能计算机的激烈竞争中站稳了脚跟，更重要的是使我国的高性能计算机科研和制造水平实现了跨越式的发展，培养了一大批高性能计算机技术开发和维护人才，为下一步我国完全独立自主开发更高性能计算机奠定了坚实的基础。

"曙光 1000"的研制成功打破了西方在大规模并行机方面

对我国的封锁和垄断，为我国赢得了民族的尊严和荣誉，以至于有人形容"曙光1000"是中国的"争气机"。此外，我国自主研发的高性能计算机在石油、气象、科研、教学、国防、商务等领域可广泛应用，如一个全国范围内的48小时天气预报程序在一般计算机上要运行60多个小时，而"曙光1000"只需要3个小时就能完成相同的任务，极大地提高了预报的准确性。

1997—2011年的15年中，在曙光公司的配合下，智能中心先后研制成功7台高性能计算机，不断刷新国内高性能计算机的最高性能纪录，为中国进入高性能计算机世界三强作出了重要贡献。2010年，峰值速度3000万亿次/秒、中国首个实测性能超过千万亿次的曙光星云系统（"曙光6000"的科学计算分系统）问世，Linpack计算速度达1271万亿次/秒，在全世界的高性能计算机中排名第二，引领了中国高性能计算机向世界之巅冲锋的进程。从"曙光1000"到"曙光6000"，15年时间内，曙光高性能计算机的实测性能增长了80万倍，远远高于国际上高性能计算机平均10～11年性能提高1000倍左右的发展速度。

继"曙光1000"获得国家科学技术进步奖一等奖后，"曙光2000""曙光3000"和"曙光4000"都先后获得国家科学技术进步奖二等奖，"曙光3000""曙光4000L""曙光4000A""曙光5000A"分别在2001年、2003年、2004年、2008年被两院院士评为"中国十大科技进展"。

曙光高性能计算机已广泛应用于国家信息关防、石油物探、航天测控、教育科研等多个领域，例如，在国家互联网应急中心已部署总计算能力超过千万亿次的曙光高性能计算机，该系统在网络信息实时获取等技术方面处于国际领先水平，为维护国内社会稳定作出了重大贡献。东方石油物探公司（BGP）是我国石油物探的核心企业，过去一直使用IBM计算机，从

▲ "曙光 5000"（新华社记者 摄）

2003 年起，几乎全部采用曙光高性能计算机。在发现冀东 10 亿吨储量的南堡大油田的过程中，曙光计算机发挥了重要作用。2009—2016 年的 8 年间，曙光高性能计算机占据中国高性能计算机 1/3 以上的市场，超过 IBM 公司和 HP 公司，实现了在国内市场领先跨国公司的历史性跨越。

（图文 / 中国科学院计算技术研究所
国家智能计算机研究开发中心）

1995 年

『曙光 1000』大规模并行计算机系统通过国家鉴定

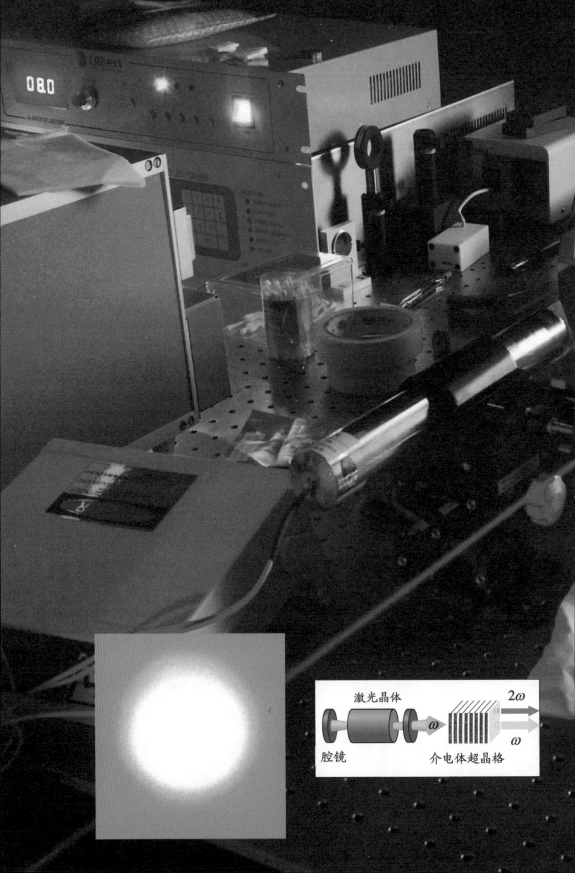

激光晶体

ω

2ω

ω

腔镜

介电体超晶格

1996 年
二色激光准周期介电体超晶格研制成功

1996 年，南京大学闵乃本院士领导的课题组研制出了同时能出两种颜色激光的准周期介电体超晶格，成功地验证了多重准相位匹配理论。国际光电子产业界的重要刊物《激光世界》报道："南京大学固体微结构国家重点实验室的研究人员展示了准周期结构在非线性光学研究领域中一个可能的重要应用。"这项成果及后续工作获得 2006 年国家自然科学奖一等奖，也是自 1999 年国家改革奖励制度以来，内地高校独立完成的项目获得的第一个自然科学奖一等奖。

介电体超晶格——激光变色器

激光的发明是 20 世纪 60 年代初的一项划时代意义的科学技术成就。40 年来，激光科技深入高科技的各个领域，从便携 DVD 到宽带光纤通信网络，从小型家庭影院到惯性约束受控热核聚变，处处都有激光器的身影。这些激光器颜色不同、功能各异，是高技术产品不可或缺的光源，在信息的读取、存储、传输和能量的控制等方面起着关键作用。

如果解剖一下这些激光器，会发现其中都有一个核心部件，它由一块透明材料构成，被称为非线性光学晶体，它能将激光的波长缩短一半，即频率增加一倍（倍频），将激光从一种颜色转变成另一种颜色。因为不同颜色的激光有不同的用处，所以

▲ 南京大学闵乃本院士和团队中的青年研究人员

非线性光学晶体使得激光的应用无处不在。

非线性光学晶体有不同种类，其中有一种被称为介电体超晶格的尤为神奇。在显微镜下，人们可以看到这种超晶格晶体内部排列成整齐的周期格子，正是这种特殊的格子使不同颜色的激光在晶体内部能以相同速度传输，通过"准相位匹配"这支接力棒将一种颜色的激光转换成另一种颜色，"倍频"就是其中的一种。这一方法被称为"准相位匹配"，是著名的非线性光学奠基人、诺贝尔物理学奖获得者布洛姆伯根和他的学生在1962年发表在美国《物理评论》杂志上的一篇论文中提出来的。该理论提出后，很长时间没得到相关实验结果。直到20世纪70年代末，南京大学和国际上少数几个研究组才在实验中观察到由准位相匹配实现的激光倍频。

寂寞探索求突破

20世纪80年代，国际上这个研究领域比较沉寂，因为超晶格晶体制备技术始终没有突破。人们普遍认为这种材料虽好，但难以实际应用，理论研究也陷入低谷。就是在这种形势下，正在着手组建自己研究团队的闵乃本却偏偏将"介电体超晶格"确定为团队今后的主攻方向。他告诫他的团队成员（大多是被他吸引过来的研究生）：要能耐得住寂寞，要准备在相当长的时间内坐冷板凳。闵乃本回忆道：

> 当时我和我的同事坚信这是一个广阔的领域，材料制备有困难，我们就先发展理论。1984年材料物理研究领域爆出重大新闻，即科学家发现了本以为在自然界中不存在的"准晶体"，这是物质存在的另一种形态。这一发现启示我们，是否也可以构造出人工"准晶体"，于是我们尝试将准周期结构引进介电体超晶格。

闵乃本和当时还是他的研究生，现在已是南京大学物理学教授的朱永元一道，开始了在这一领域的开拓。他们惊喜地发现准周期介电体超晶格在声学、光学领域都有一系列新颖性质。特别是在非线性光学领域，如果把准相位匹配理论推广到准周期超晶格中，就可能在一块准周期超晶格中实现将一种颜色激光转换成两种、三种甚至更多种颜色激光，这在常规晶体和周期光学超晶格中都是不可能完成的。

1990 年，他们已构建出"多重准相位匹配"的理论框架，论文发表在美国《物理评论 B》上。出人意料的是，这篇文章并没有得到国际同行多少响应。后来闵乃本想通了，理论预言要得到别人的承认，没有有说服力的实验验证不行，他们决定用实验来证实这一理论。可当时连周期结构的超晶格都很难制备，更何况准周期超晶格，研究"瓶颈"依然是超晶格的制备。尽管在发展理论的同时，闵乃本已安排研究组的几位成员在材料制备上寻找突破口，但此时仍还处于摸索之中。

"黄金分割"带来的惊喜

20 世纪 90 年代初，闵乃本在境外访问时读到一篇日本一个研究组研制准相位匹配光波导的论文，立刻意识到该论文的重要性，并及时传真回这篇论文。团队成员从论文中获得了灵感，根据半导体平面工艺结合铁电晶体所具有的极化反转特性，发展出了"室温电场极化"技术。他们用掩膜技术在晶体表面光刻成微型电极，通过在电极上加上高电压，终于将晶体中的铁电畴按正负极性有规律地排列起来。

1996 年，他们采用这种技术成功研制出了第一块具有斐波那契序列的准周期超晶格。这一过程的实现前后花了三年多时间。技术上的一小步推动了科研上的一大步。为什么要起"斐波那契"这一令人费解的名字呢？这与一个兔子繁殖的故事有关：斐波那契是 13 世纪意大利的一位数学家，他发现前后两代兔子总数量之比逼近著名的黄金分割数（1.618），在准周期超晶格中，两种基本格子的个数比也接近这一数字。

也许是黄金分割数给他们带来了好运。祝世宁、朱永元等将这块超晶格用于激光频率变换实验，当他们将一束波长为 1.57 微米红外激光直接入射到这块超晶格中时，明亮的绿色激光（波长为 0.523 微米）从超晶格的另一端面射出，出射光的频率是入射光的 3 倍，波长是入射光的 1/3，转换效率高达 26%，同时还产生了波长为 0.78 微米的倍频光。这就意味着将一种颜色激光转换成两种颜色激光的准周期超晶格在我国研制成功了。这一成果在国际最有影响的美国《科学》杂志上一经发表，立刻引起很大反响。与几年前不同，这次美国物理学会、光学学会分别邀请闵乃本到这两个学会的学术年会上报告这一进展。国际著名的光电子产业杂志《激光世界》（*Laser Focus World*）

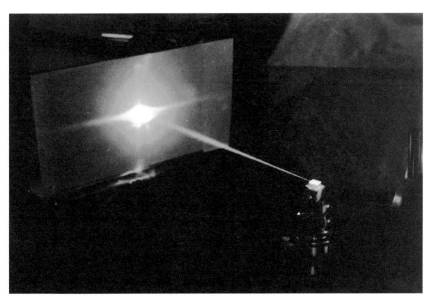

▲ 首次在一块准周期超晶格中实现了激光高效三倍频

1996 年
二色激光准周期介电体超晶格研制成功

也注意到这一重要进展，编辑在该杂志的"Newsbreak"栏目中作了如下评述：

> 这项新结果证实了高次倍频可以通过几个准相位匹配在一块二阶非线性晶体中产生，展示了准周期结构在非线性光学研究领域一个可能的重要应用。

随着二色激光准周期介电体超晶格研制成功，超晶格的应用前景也逐步明朗，国际上在这领域的研究日趋活跃，各国著名的研究机构纷纷开始介入这场激烈的竞争。闵乃本清楚地意识到这一成果的巨大学术价值和应用前景，他说："我们现在的工作既有理论预言又有实验验证，可以作为新起点，但是没有一定示范性的器件做出来，还不能令人信服。"他们一方面加紧申报国际专利，一方面组织原型器件的研制。

求索勇进　奉献不变

经过几年的努力，研究组终于在 2005 年用准周期超晶格研制出了一台能模拟出白光效果的红、绿、蓝三原色激光器。这台激光器只使用了一块 Nd：YAG 激光晶体和一块钽酸锂超晶格，却得到了红、绿、蓝三种颜色的激光输出。一台完成了三台的功能，终于展示出了"准周期结构在非线性光学研究领域一个可能的重要应用"。这标志着闵乃本在十几年前所提出的多重准相位匹配理论得到了完全的证实。美国《光学快报》及时报道了这一结果。

2007 年 2 月 27 日，闵乃本院士和他的研究团队因在"介电体超晶格材料的设计、制备、性能和应用"研究上的突出贡献，被授予中国自然科学界科研成果的最高奖项——2006 年国家自然科学奖一等奖，而在此之前，这个奖项已经空缺了两年。

经过多年的探索，介电体超晶格已经从最初的原理概念演变成现今有着重要应用价值的材料体系。它的内涵也在不断扩展，从最初为了验证光学中的一个预言——准相位匹配高效激光倍频，发展到今天实际上包含三种不同功能的超晶格材料：光学超晶格、声学超晶格和离子型声子晶体。它的发展经过提出基本概念，建立基础理论，验证基本效应，直到现今还在不断拓展的实际应用，形成了一条完整的创新链。

▲ 系统的研究成果发表在国际高水平学术刊物上

在声学领域，声学超晶格超高频体波谐振器、换能器和滤波器已经在无线通信网站找到实际应用。在激光领域，光学超晶格的电光、声光调控可用于研制结构更加紧凑的全固态脉冲激光器。光学超晶格则正在逐步取代 LBO、BBO 和 KTP 等常规非线性晶体，作为首选用于各种量子光学实验和量子通信、量子信息处理。但目前的进展离在光子芯片上完成通用量子计算的目标仍然相距甚远，还有许多重要技术需要突破，其中最为关键的是单光子可控存储。

"凡是过去，皆为序章"，未知世界的探索永无止境。介电体超晶格的研究成果凝结着老一辈科学家的努力与奉献，也包含着团队中所有年轻人的心血和期待。值此改革开放 40 年之际，回顾走过的道路，展望未来的发展，深信只要我们中国的科研人员能不忘初心，牢记使命，坚持科学精神和科学态度，脚踏实地，努力奋斗，中国的科学事业将永远是春天。

（图文／中国科学院院士　祝世宁）

1996年
二色激光准周期介电体超晶格研制成功

1997 年

在海拔 7000 米处
钻取出海拔最高冰芯

1997 年 7 月下旬至 10 月下旬，由中国科学院兰州冰川冻土研究所组织的中美希夏邦马峰冰芯科学考察队在海拔 7000 米的达索普冰川上连续工作 40 多天，成功钻取了总计 480 米长、重 5 吨的冰芯，这是目前世界上海拔最高的冰芯，这为揭示青藏高原过去的环境变化过程、丰富中纬度地区的冰芯研究以及世界气候环境变化作出了贡献。这一研究成果在《科学》等国际一流科学杂志上发表，并被评为 1997 年中国十大科技进展之一。中国青藏高原冰芯研究通过多年来在冰芯科考方面的工作，已经在国际冰芯研究领域成功地树立起了"第三极"。

冰川——环境气候变化的天然档案馆

冰川是在自然界的特殊环境中由天然降雪逐渐积累而形成的一种天然冰体。在降雪的形成、降落过程中，飘散在天空中的各种气体，以及空气中飘散的各种浮尘就成了自然降雪的组成因子，当这些记载有当时气候环境信息的因子随着降雪一起在高寒冰川被保存下来时，这些降雪也就成为后人研究地球气候、温室气体、太阳活动甚至宇宙演变等的重要历史记录。特别是在高寒高海拔地区，这些积雪不仅没有消融，而且由于特殊的气候在这些地区形成了记录各种自然环境变化的天然冰川，冰川也就成为记录环境气候变化的天然档案馆。因此，科学家钻取、研究冰芯可以揭示出地球数十万年间各种自然气候、地理环境、地球物理及地球化学等方面的演化过程。与历史记录、树木年轮、湖泊沉积、珊瑚沉积、黄土、深海岩芯、孢粉、古土壤和沉积岩等可提取过去气候环境变化信息的介质相比，冰芯不仅保真性强（低温环境）、包含的信息量大，而且分辨率高、时间尺度长，堪称"无字的环境密码档案库"。

科学家通过对南北极冰芯的研究，已经在地球气候环境的演变过程及规律等方面取得了极大的进展，但科学家在这一过程中也遇到了问题，那就是虽然取得了两极冰芯的研究进展，但缺乏对中纬度地区冰芯的研究，这使得在揭示全球气候环境变化的问题上遇到了障碍，因此，中低纬度地区的冰芯研究成为揭示全球气候变化规律的重要一环。

地球上不乏高山冰川的存在，但科学家经过研究发现，青藏高原是中纬度冰川研究最理想的地区。青藏高原作为世界第三极，有着世界上其他中低纬度地区不具备的高海拔、

▲ 达索普冰川

高严寒的地理特征，这一特点使青藏高原成为中低纬度现代冰川最发育的地区。同时，南部的喜马拉雅山又是受亚洲季风影响的重要地区，亚洲季风演化的大量信息就储存在这一地区的冰川中。在进一步的研究中，科学家还发现，青藏高原的希夏邦马峰北坡的达索普冰川是研究中纬度冰川的最佳地点，因为这里海拔高、气温低，降雪几乎不发生任何消融，每次降雪全部保存，而且在这一特殊的地理环境中，降雪冰川也得到了很好的保存。因此，希夏邦马峰北坡的达索普冰川成为科学家研究中低纬度自然环境变化和季风演替等自然现象的理想冰川。

在世界屋脊架起联通两极冰川的桥梁

1997 年 7 月下旬，五国考察队员（中国、美国、俄罗斯、秘鲁、尼泊尔）经过十多天的艰难跋涉，于 8 月初到达希夏邦马峰。9 月 9 日队员们在海拔 7000 米的希夏邦马峰达索普冰川上架起了冰芯钻塔，从组队开始，经过近三个月的努力，成功钻取了总计 480 米长、重 5 吨的冰芯。10 月 10 日，考察队在成功完成考察任务后顺利返回。

这次希夏邦马峰考察是世界冰川科考史上海拔最高的一次，工作地区在海拔 7000 米以上，在这样的严寒环境中，空气中

▲ 科考队员运送科考装备到营地

含氧量不到海平面的 50%，早晚气温更是低至 - 30℃，而科考队员在这种高寒缺氧环境中却每天工作 12 个小时以上，且连续工作了 40 多天，这在科考历史上几乎是史无前例的。头痛、失眠、食欲减退、记忆力下降等高山反应更是"亲切"伴随着他们的每一天。其中一位美国科考队员由于在科考过程中感染了一种致命细菌，由于医治无效最终失去了年轻的生命。后来，为了纪念他对冰川科考所作的贡献，美国俄亥俄州专门以他的名义设立了科学基金。

这次希夏邦马峰的科考创下了科考史上高海拔地区人力搬运物资和样品重量的最高纪录。由于冰芯钻取地点不适合建立大本营，所以就把补给大营建在了海拔 5800 米的冰川上。这就意味着科考队员每天不仅要面对不能吃到熟食喝上开水的困难，而且还要在高寒缺氧的雪域冰川背负几吨重的科考仪器从海拔 5800 米处跋涉到 7000 米处的工作地点，而后又要背负相

▲ 姚檀栋院士与美国科学院院士朗尼·汤普森把收集到的样品分类装瓶

1997 年　在海拔 7000 米处钻取出海拔最高冰芯

同重量的仪器以及钻取的冰芯样本从工作地点返回。在高寒海拔地区，这样的负重就相当于低海拔地区几倍的重量，特别是氧气稀薄导致的高山反应更是让科考队员痛苦不已。此外，冰塔、冰缝也是他们随时面临的危险，好多次，即使科考队员小心万分，摔下冰塔、掉进冰缝的危险还是伴随着他们。但科考队员"十步一小歇，百步一大歇"，凭着顽强的意志、毅力和勇气，圆满完成了任务。

第三极冰芯钻取工作的成功，为中纬度冰川的研究提供了珍贵的冰芯样本，填补了世界冰川研究的空白，在世界屋脊架起了联通两极冰川研究的桥梁，为揭示全球气候演化规律奠定了重要基础。

风雪冰芯结硕果

科考队员踏风曝雪的艰辛努力终于结出累累硕果。首次在海拔 7000 米高处钻取深孔冰芯 3 根，其中 2 根穿透冰川底部，到达冰床，每年的冰层厚度在 1 米以上。通过对这些冰芯的研究，不仅可以获取每年气候环境的变化参数，而且也能对过去 2000 年气候环境的变化做出准确分析。此外，科考活动还首次获取了海拔 7000 米处的地面气象观测资料；首次观测了达索普冰川积累量和冰川变化；测得了目前冰川的最低温度：通过对 3 个冰芯孔的测量，发现在深 160 米以下的冰川底部冰温仍为 -13℃左右；在海拔 7000 米处冰雪中提取了有机质气候环境信息；首次在中纬度高山冰川上发现有重结晶带的存在，发展了冰川成冰作用带的理论；在对冰川水汽的分析过程中，还发现了印度的水汽可通过高山垭口直接到达喜马拉雅山北坡……

虽然希夏邦马峰冰芯的成功钻取取得了喜人的研究成果，但在此次科考负责人姚檀栋院士看来，"这只是一出长剧中的第一幕"，对整个希夏邦马峰冰芯以及对整个青藏高原冰川的研究还有很长的路要走。

青藏高原西部的古里雅冰川，有地球上除南北极之外最古老的冰芯。早在 1992 年，中美科学家就在古里雅冰川钻取了透底冰芯，长达 308.6 米，是目前在极地以外的山地冰川所钻取的最长的冰芯。通过冰芯中放射性氯-36 测年，确定了该冰芯底部形成于 76 万年前；通过对该冰芯 δ18O 等指标的研究，详细揭示了末次间冰期以来中低纬地区的气候环境变化记录。2015年 8—10 月，在姚檀栋院士的带领下，由中国、美国、俄罗斯、意大利、秘鲁五国组成的联合科考队，再一次在古里雅进行冰川考察和冰芯钻取活动。这次考察的目的，一方面是钻取古里雅透底冰芯，进一步准确测定青藏高原上最古老冰川的形成年代；同时也是未来揭示在全球变暖背景下，西昆仑地区冰川变化的特殊性。鉴于姚檀栋院士在青藏高原冰川和环境研究方面的贡献，瑞典人类学和地理学会授予他 2017 年"维加奖"。姚檀栋院士不仅是首位获奖的中国科学家，也是首位获此殊荣的亚洲科学家。

2018 年，第二次青藏高原综合科学考察研究正式启动，习近平总书记专门发来贺信，时任国务院副总理刘延东出席启动仪式。未来的青藏高原冰芯研究将充分利用更多新技术、新手

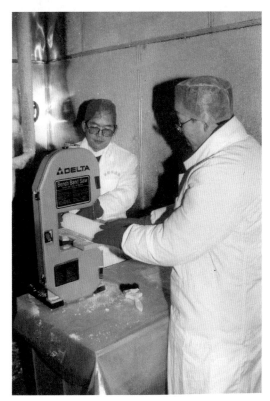

▲ 姚檀栋院士在进行冰芯分析研究

1997年
在海拔 7000 米处钻取出海拔最高冰芯

▲ 古里雅 309 米冰芯底部

▲ 姚檀栋院士与美国科学院院士朗尼·汤普森描述冰芯

▲ 古里雅海拔 6700 米营地

段、新方法，有望在青藏高原极高海拔地区气候变化及冰冻圈研究上取得重大突破，并在国家战略方面评估气候变化背景下不同区域冰川变化对区域气候及水文过程的影响，为青藏高原生态文明建设提供科学数据和理论支撑。

（图文 / 中国科学院青藏高原研究所）

1997 年

在海拔 7000 米处钻取出海拔最高冰芯

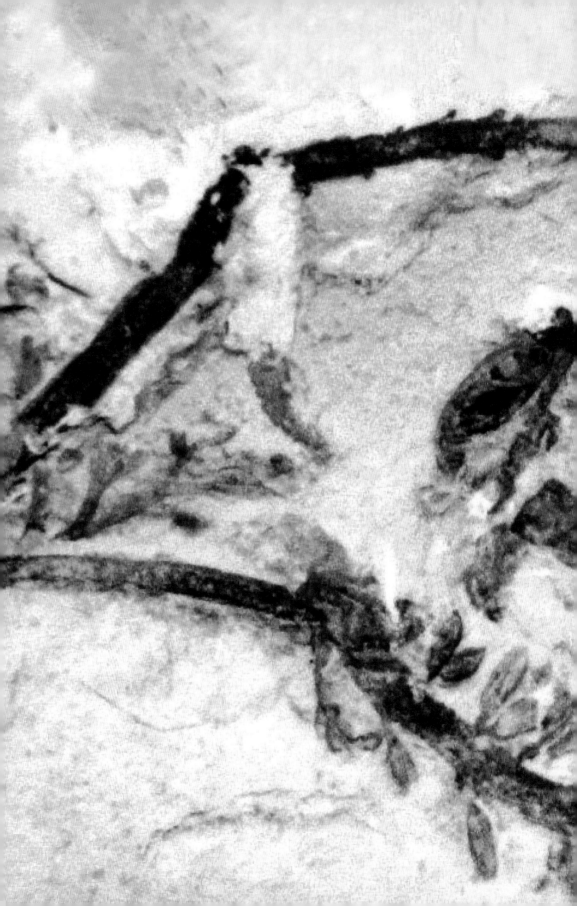

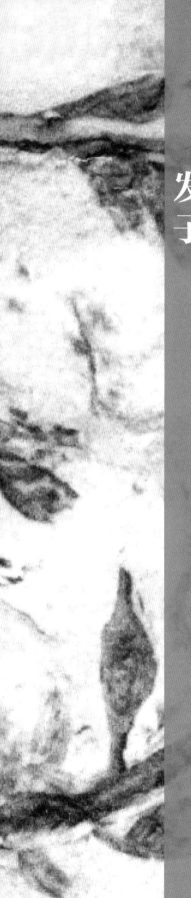

发现迄今为止最早被
子植物化石辽宁古果

　　1998 年，中国科学院南京地质古生物研究所孙革及他的研究组，在我国辽宁北票地区发现了迄今为止世界上最早的被子植物化石——辽宁古果，提出了"被子植物起源的东亚中心"假说，为破解历时百年的达尔文"讨厌之谜"提供了最为重要的证据。国内外媒体纷纷以"世界最古老的花在中国"为题报道了这一重大发现，美国 CNN 更是称这一发现是"植物学上的突破"。该成果于 1998 年在美国《科学》杂志发表，并于 1998 年被评为中国十大科技新闻和中国基础研究十大新闻之一。

地球之花与"讨厌之谜"

　　植物，是绿色的象征、生命的标志，可谓人类在这个星球中最亲密的朋友。但这并不意味着我们对植物有着足够的了解，比如你知道什么是"被子植物"吗？被子植物对人类又有怎样的价值呢？你听说过达尔文"讨厌之谜"的故事吗？世界上第一朵花又是来自地球的哪个角落呢……

　　从植物的演变史看，25 亿年前，地球上出现了菌类以及藻类植物。此后，地球植物进入了历时几十亿年的演变阶段，其中经过蕨类植物、石松类植物、真蕨类植物等，最后进入了被子植物时代。由此，地球植物真正进入了"有花"时代（以前的植物都没有花），被子植物也就成了植物界最高的进化阶段。特别是从新生代以来，它们在地球上占据了绝对优势的地位。这也决定了被子植物与我们有着密切的联系。首先，人类的大部分食物来自被子植物，如瓜果、蔬菜、谷物、豆类等；其次，被子植物是工业生产的重要原料，如造纸、塑料制品、食糖、医药等。此外，占植物界种数一半的被子植物每年还能向地球生物提供几百亿吨氧气，同时从空气中吸收同量的二氧化碳。正因为如此，被子植物的起源及其演化长期以来为人们所关注。100 多年

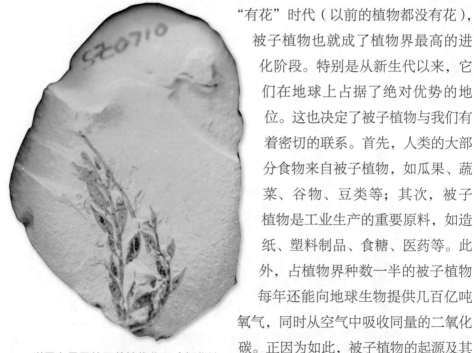

▲ 世界上最早的开花植物化石（新华社记者 摄）

前，著名生物学家达尔文也开始了对这一问题的探讨。他发现，植物发展的最高阶段——被子植物早在距今约6500万年至1亿年前的白垩纪中晚期，发展就已经非常成熟了，但在白垩纪早期及此之前的侏罗纪地层里却没有发现被子植物的化石，而只有进化更早的裸子植物和蕨类植物的化石。于是，"被子植物的演变是否遵循进化论的规律"就成了达尔文心中的疑惑。如果遵循，就必须拿出证据来，达尔文虽做了大量的调查研究，但没有得到任何结果。如此令达尔文讨厌又难以解决，并对进化论理论形成挑战的谜题，就成了植物研究史上著名的"讨厌之谜"。破解这一难题也成为此后百年来无数生物学家、植物学家的追逐目标。

▲ 保存完整生殖枝的辽宁古果化石标本（新华社记者 摄）

辽宁古果　世界第一花

1998年　发现迄今为止最早被子植物化石辽宁古果

　　如何破解达尔文谜题？寻找白垩纪早期及此之前更早时期的被子植物化石无疑是最重要的突破点。近百年，无数生物学家、植物学家为实现这一目标付出了艰辛的努力，也提出了许多理论与假设，但都因缺乏证据而不能被证明或证伪。20世纪80年代，中国科学家加入到了这一"破谜"活动。

　　1986年，中国的植物学博士孙革与同事在东北考察时，于长白山地区发现了距今约1.1亿年前的被子植物化石。由此，孙革与被子植物结缘，进入了探索被子植物起源的领域。1990年，沈阳地质矿产研究所教授郑少林在黑龙江鸡西发现一块特殊化石。经孙革鉴定：这是一块距今约 1.3 亿年前的被子植物化石。这意味着在中国发现了当时全球已知"最早的被子植物"。在这一发现的鼓舞下，探寻更早时期的被子植物化石就成了孙革及他的研究小组的工作。

此后几年，孙革和他的研究小组先后采集 600 多块植物化石，但并未发现真正的被子植物化石。被子植物化石似乎一下子从他们眼前消失了。事情在 1996 年出现了转机。1996 年 11 月，孙革从同事处得到 3 块植物化石，其中一块貌似蕨类植物的化石吸引了他，但该植物貌呈凸状的叶子又分明告诉他这显然不同于常见的蕨类植物。经仔细研究发现：该植物分叉枝的主枝和侧枝上呈螺旋状排列着四十几枚类似豆荚的果实；每枚果实都包藏着 2～4 粒种子。这正是被子植物的独具特征（种子被果实所包裹）。最令人振奋的是，这是一块距今约 1.45 亿年前的被子植物化石，这就意味着世界上最早的被子植物化石在中国被发现了。由于这是一种现已灭绝而且从未见过的被子植物，因此把这一植物确立为"古果"新科。这一化石采自辽宁，于是"辽宁古果"就成为这一植物的"封号"。1997 年，孙革及研究小组在辽宁北票地区又采集到 8 块辽宁古

▲ 我国发现迄今最早的有花植物新类群——辽宁古果
（新华社记者 摄）

果化石，进一步证明了研究小组先前的结论。

对于在中国发现的辽宁古果化石，国际著名古植物学家、美国科学院院士、佛罗里达大学教授 D. 迪尔切认为：这是迄今为止唯一有确切证据的、全球最早的花。1998 年 11 月，美国《科学》杂志以封面文章发表了孙革等撰写的论文《追索最早的花——中国东北侏罗纪被子植物：古果》。

辽宁古果在世界的注视下终于揭开了它神秘的面纱。国内外数百家新闻媒体纷纷以"世界最古老的花在中国"为主题报道了这一重大发现，美国 CNN 更是称这一发现是"植物学上的突破"。该成果也于 1998 年被评为中国十大科技新闻和中国基础研究十大新闻之一。

"丑陋之花"带来的科学突破

辽宁古果虽是一朵有雌蕊、雄蕊，而没有花瓣、花萼的"丑陋之花"，但就是这样一朵原始的、丑陋的地球第一花，为破解达尔文的"讨厌之谜"提供了最为重要的证据，以至于国外有科学家预言：由于辽宁古果的发现，最终解开"讨厌之谜"的时间不会超过 10 年。辽宁古果发现之前，国际上公认被子植物的起源时间为距今约 1.3 亿年的白垩纪早期，但辽宁古果的发现则使这一时间提前了 1500 万年，即距今 1.45 亿年的侏罗纪晚期。在被子植物的起源地这一问题上，"被子植物的起源地在低纬度的热带地区"的观点在国际古植物学的研究领域长期占主导地位，也有古植物学家认为被子植物的起源地是多中心的，但辽宁古果的发现证明"以中国辽西或中国辽西－蒙古一带为核心的东亚地区，应被视为全球被子植物的起源地或起源地之一"。正是在这一认识基础上，孙革提出了"被子植物起源的东亚中心"假说。此外，国际学术界认为，被子植物可能起源于

▲ 辽宁古果化石模型（新华社记者 吴增祥 摄）

裸子植物中的本内苏铁类，但辽宁古果的形态与解剖特征说明被子植物至少有一支可能起源于更古老、现已灭绝的种子蕨类植物。

2000 年，孙革及他的研究小组在发现辽宁古果的同一地层中又发现中华古果化石，这一同为 1.45 亿万年前的被子植物化石的发现，为全球被子植物起源与早期演化的研究带来了更加有力的证据。2002 年 5 月 7 日,《科学》杂志以封面文章刊登了这一重要成果。2003 年 1 月，世界上最早的花——被子植物"古果属"的发现研究成果入选美国《发现》杂志选出的 2002 年百大科学新闻。

2013 年，科学家又发现了一种 1.25 亿年前在辽西大地上绽放花朵的植物。科学家把它命名为黄半吉沟白氏果。十余年来，科学家先后在朝阳地区的义县组地层中发现了 7 种被子植物化石。其中，梁氏朝阳序、辽宁古果、迪拉丽花、瓶状辽宁果和黄半吉沟白氏果，都是在辽西北票地区黄半吉沟发现的。

2016 年，渤海大学古生物中心韩刚教授在内蒙古宁城道虎沟发现 1.64 亿年前中侏罗世地层中的一种草本植物化石，将其命名为渤大侏罗草。这是目前世界上已知最早的草本被子植物，这一发现促使人们重新审视前人提出的被子植物演化观。

随着科学家的不断研究，相信人类会揭开更多的生物之谜，越来越了解我们生活的地球。

（文／李剑　图／新华社新闻信息中心）

1998年
发现迄今为止最早被子植物化石辽宁古果

1999 年

我国首次北极科学考察圆满完成

1999 年 7 月 1 日，中国首次北极科学考察队乘"雪龙号"极地考察船从上海出发，两次跨入北极圈，到达楚科奇海、加拿大海盆和多年海冰区，圆满完成了三大科学目标预定的现场科学考察计划任务，获得了大批极其珍贵的样品数据和资料，并于 1999 年 9 月抵达上海。这是我国极地研究的又一次历史性突破，极大地提高了我国在世界极地考察中的地位，使我国成为世界上少数几个能涉足地球两极进行考察的国家之一。

千年北极探险史

人类在北极点上的足迹最早可上溯到旧石器时代，如欧亚大陆的西伯利亚人和拉普人、美洲大陆的古因纽特人和后来的新因纽特人，他们是北极最早的主人。远古人类的北极活动是基于天然生存本能的，并不同于后来的探险和科考活动。

2000 多年前，希腊的天文学家、航海家毕则亚斯勇敢地扯起风帆，开始了人类历史上第一次理性的北极探险。此次探险大约用了 6 年时间，最北可能到达冰岛或挪威的北部。

1878 年 7 月，芬兰地质学家诺登许尔德率领拥有 4 艘舰艇和 30 名队员的国际探险队经西伯利亚海岸进入楚科奇海，于 1879 年 7 月到达白令海峡，在人类历史上第一次打通了东北航线。

各国对北极进行系统的综合性科学考察是从 1882—1883 年的第一个国际极地年开始的。期间有来自 11 个国家的 15 支科考队在统一计划和安排下对南北极地区的天文、地理、气象和地球物理进行了第一次系统的综合考察。这一活动宣告了北极现代历史的开始，也开启了北极科考的大门。1903 年 6 月至 1905 年 8 月，挪威探险家阿蒙森驾驶"格加号"汽船从奥斯陆到达波弗特海，首次穿越西北航道，1906 年 8 月到达阿拉斯加西海岸的诺姆港，宣告了此次历史性航行的最后胜利。1909 年 4 月 6 日，美国皮尔里率领探险队在因纽特人的帮助下，首次到达北极点。

1920 年 2 月，英国、美国、丹麦等 18 个国家在巴黎签署了《斯瓦尔巴德条约》。在 1957—1958 年的国际地球物理年期间，12 个国家的 1 万多名科学家在北极和南极进行了大规模、多学科的考察和研究，在北冰洋沿岸建成了 54 个陆基综合考察站，在北冰洋中建立了大量浮冰漂流站和无人浮标站。1990 年 8 月，在北极圈内有领土和领海的加拿大、丹麦、芬兰、冰岛、挪威、瑞典、美国和苏联 8 个国家的代表在加拿大的瑞萨鲁特湾市成立了国际北极科学委员会。1996 年，中国派代表团出席国际北极科学委员会会议，并被接纳为正式成员国。

北极的中国足迹

中国和北极的渊源，始于 1925 年中国加入《斯瓦尔巴德条约》，成为条约的协约国。但由于种种原因，中国迟迟没有对北极地区进行真正的科学研究和资源开发。

1951 年夏天，武汉测绘学院高时浏到达地球北磁极从事地磁测量工作，成为中国第一个进入北极地区的科学工作者。1958 年 11 月 12 日，新华社记者李楠作为中国驻苏联新闻记者，乘坐"伊尔 14"飞机先后在苏联北极第七号浮冰站和北极点着陆，并完成了北极考察，成为第一个到达北极点的中国人。

20 世纪 80 年代末到 90 年代初，我国开始大规模的北极考

▲ 中国科学院研究员高登义在北极浮冰上工作

察。1991 年 8 月，中国科学院研究员高登义应挪威卑尔根大学邀请，在北极浮冰上连续进行大气物理观测并首次展开五星红旗。

1995 年 5 月，中国科学技术协会和中国科学院组织的中国北极考察队，首次完成了中国人自己组织的由企业赞助的北极点考察。1999 年 7 月 1 日至 9 月 9 日，中国首次北极科学考察历时 71 天，总航程 14180 海里，圆满完成了各项预定科学考察任务。此次考察获得了一大批珍贵的样品、数据资料等，其中包括北冰洋 3000 米深海底的沉积物和 3100 米高空大气探测资源数据及样品；最大水深达 3950 米的水文综合数据；5.19 米长的沉积物岩芯以及大量的冰芯、表层雪样、浮游生物、海水样品等。

▲ 中国北极科学考察站黄河站落成典礼

2004 年 7 月 28 日，我国第一个北极科学考察站——中国北极黄河站在斯瓦尔巴群岛的国际北极科学城新奥尔松建成并投入使用，这是我国开展南极考察 20 年后，在地球另一端建立的野外考察平台，极大地提高了我国的极地科考能力。

新时代续写北极新辉煌

2012 年 7 月 22 日，中国第五次北极科学考察队乘坐"雪龙号"船正式驶入北极东北航道，这是我国北极科考队首次进入北冰洋大西洋扇区进行综合考察。8 月 2 日，"雪龙号"船航行 2894 海里之后抵达冰岛进行正式访问，由此成为中国航海史

▲ 考察队员释放探空气球（高悦 摄）

▲ 考察队员进行冰站作业（贾燕华 摄）

上第一艘沿东北航道穿越北冰洋边缘海域的船舶。

2014 年，中国第六次北极科学考察队首次在北纬 55 度以北太平洋海域布放海气界面锚碇浮标；首次在极地海域开展近海底磁力测量，获得了两条测线 592 千米的地磁探测数据；通过中美国际合作，首次在北纬 80 度左右及以北的加拿大海盆波弗特环流区布放深水冰基拖曳浮标；完成国内首次海冰浮标阵列布放。

▲ 中国第七次北极科学考察（伍岳 摄）

2016 年的中国第七次北极科学考察共完成 84 个海洋综合站位作业，内容涉及物理海洋、海洋气象、海洋地质、海洋化学和海洋生物；完成 5 套锚碇潜浮标的收放工作；完成了 1 个长期冰站、6 个短期冰站考察，系统掌握了北冰洋海洋水文与气象、海洋化学、海洋生物与生态、海洋地质、海洋地球物理、海冰动力学和热力学等要素的分布和变化规律，为北极地区环境气候等综合评价提供了基础资料。

2017 年的中国第八次北极科学考察是我国首次进行的环北冰洋考察，并在北极地区开展多波束海底地形地貌测量，开辟中国北极科学考察新领域；历史性穿越北极中央航道，填补中国在北冰洋中心区大西洋磁区的作业空白；首次成功试航北极西北航道；首次执行北极业务化观测任务，展开北极航道环境综合调查、北极生态环境综合调查和北极污染环境综合调查，填补中国在拉布拉多海、巴芬湾等海域的调查空白。

据统计，我国共组织了 1600 多人次的北极考察。我国科学家对北极变化获得了一系列新的认识，如：通过历次北极考察数据和历史资料对比发现，北极海冰减少是导致欧亚大陆中高纬度地表温度负异常的关键过程；阐明西北冰洋生物泵作用的空间变化及其维持机制，揭示出水平输送过程对西北冰洋的物质及污染物分配起着重要作用；发现太平洋入流水的变动会对

▲ "雪龙号"进入北极圈，中国第八次北极科学考察队摆出"八北"字样合影（吴琼 摄）

北冰洋异养浮游细菌乃至整个浮游生态系统产生深远影响；界定了三种不同的浮游动物群落类型，根据底栖动物拖网样品，得到了它们的数量变化、地理分布、体型地理变化等相关信息；通过开展西北冰洋岩芯沉积物中多种替代性指标的系统研究，发现楚科奇海盆和阿尔法脊晚第四纪以来存在多个冰筏碎屑（IRD）事件，补充和验证了此前国际上的有关认识。在地质和地球物理研究方面，通过六次北冰洋科学考察获取了大量资料和沉积物样品，北极古环境与古海洋学研究获得初步成果。

改革开放 40 年，中国的极地考察事业从无到有，不断壮大。我国已成为南北极所有重要国际公约的缔约国和国际组织的成员，积极参与极地全球治理，参与有关科研和保障规划的制订。特别是近 10 年来，中国先后参与国际极地年计划、地平线扫描、整合的北极研究计划Ⅲ、南大洋观测系统、北极气候研究多学科漂流观测计划等 10 多个大型国际极地计划，陆续与美国、俄罗斯、新西兰、智利、南非等 10 个国家及其极地主管机构签订了双边合作文件。

今后在极地考察方面，我国将继续稳步推进以建设国家南北极观测网为核心任务的"雪龙探极"重大工程；初步建成南极观测网和北极观测网，形成对南极海洋、南极陆地、北极海洋、北极站基重点区域的环境和资源实时或准实时的业务化观测能力；提升通信传输和信息管理能力，建成 1 个南极考察新站，增配 1 架固定翼飞机及配套设施，形成极地运行保障能力；搭建极地应用服务平台，实现极地标准规范、预警预报、气候变化、战略与权益、考察运行指挥等应用服务能力。通过不断完善海空天一体化立体观测系统，支撑极地考察业务体系建设，提升我国的极地国际治理能力。

（图文／国家海洋局极地考察办公室）

1999 年
我国首次北极科学考察圆满完成

2000 年
超级杂交稻研究
取得重大成果

    2000 年，中国工程院院士袁隆平及他的研究团队研制的超级杂交稻达到了农业部制定的"中国超级稻"育种的第一期目标——连续两年在同一生态地区的多个百亩片实现亩产 700 千克，这意味着我国超级稻研究取得重大突破性成果。经过多年的努力，袁隆平及其科研团队圆满完成了中国超级稻育种计划，不仅"将中国人的饭碗牢牢端在中国人自己手上"，也为世界人民带来了福音。因在杂交水稻领域的杰出贡献，袁隆平于 2001 年荣获我国首届最高科学技术进步奖、2004 年荣获世界粮食奖和以色列沃尔夫奖等 20 多项国内外大奖，其科研团队也荣获 2017 年国家科学技术进步奖创新团队奖。

将中国人的饭碗
牢牢端在中国人自己手上

民以食为天，粮食安全始终是事关国计民生的头等大事。

1999 年，袁隆平领衔的科研团队培育的超级杂交稻先锋组合"两优培九"在湖南和江苏共 14 个百亩片和 1 个千亩片实现亩产 700 千克以上。2000 年共有 16 个百亩片和 4 个千亩片平均亩产 700 千克以上。经鉴定：在评定米质的 9 项指标中有 6 项达到农业部颁布的一级优质米标准，3 项达到二级优质米标准，可见"两优培九"组合不仅高产，而且质优。这完全达到了农业部制定的"中国超级稻"育种的第一期目标——连续两年在同一生态地区的多个百亩片实现亩产 700 千克。

一期目标的实现，意味着我国的超级稻研究取得重大突破性成果，有力地回答了西方学者对我国粮食问题的质疑，标志着我国在世界首先研制出杂交水稻之后，在世界高产水稻育种领域又一次取得历史性突破。"我国超级杂交稻研究取得重大成果"被评为 2000 年中国十大科技进展新闻之一。

自 1996 年农业部启动"中国超级稻育种计划"以来，从 2000 年实现超级稻亩产 700 千克的第一期目标，到现在正进行的每公顷 18 吨攻关，袁隆平和他的科研团队经过 20 多年的攻坚克难，不断刷新水稻大面积单

▲ 超级杂交稻

产世界纪录。目前，我国年种植杂交水稻面积约1600万公顷，占水稻总面积的58%，贡献了近2/3的稻谷产量，每年增产的粮食可多养活7000万人口。作为我国最大粮食作物，随着水稻的杂种优势利用水平不断提高，增产潜力不断挖掘，单产不断取得突破，中国也一定有能力将中国人的饭碗牢牢端在中国人自己手上。

▲ 袁隆平提出的超级稻标准株型

超级稻研究中国持续领跑世界

20世纪80年代以来，超高产育种成为世界水稻育种研究的重点、热点和难点。日本率先于1981年开展了水稻超高产育种，计划在15年内把水稻的产量提高50%，即由当时亩产410～520千克提高到620～820千克。1989年，设在菲律宾马尼拉的国际水稻研究所提出超级稻（后改称"新株型稻"）育种计划：到2000年要把水稻的产量潜力提高20%～25%，即由亩产660千克提高到亩产800～830千克。我国农业部于1996年立项并启动了"中国超级稻育种计划"，分四个阶段实施：1996—2000年为第一期，单季稻在同一生态区连续两年两个百亩示范片产量指标达到亩产700千克；2001—2005年为第二期，产量指标是亩产800千克；2006—2015年为第三期，产量指标是亩产900千克；2013—2021年为第四期，产量指标是亩产1000千克。

超级稻的研究是一项指标很高、难度极大的工程，日本由于局限于形态改良，研究工作陷入困境，不得不中途搁置。国际水稻研究所的超级稻育种研究未达到预期目标。我国采取了旨在提高光合效率的形态改良与亚种间杂种优势利用相结合，并辅之以分子育种手段的综合技术路线。袁隆平率领科研团队分别于2000年、2004年、2012年、2014年实现了中国超级稻第一期亩产700千克、第二期亩产800千克、第三期亩产900千克、第四期亩产1000千克的育种目标。中国超级稻研究的成功，用事实有力地回答了美国经济学家布朗提出的"未来谁来养活中国"的质疑。

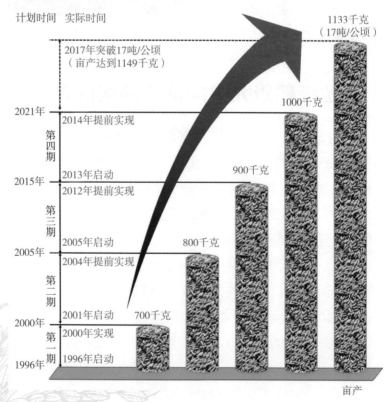

计划时间　实际时间

1133千克
（17吨/公顷）

2017年突破17吨/公顷
（亩产达到1149千克）

2021年　2014年提前实现

第四期

1000千克

2015年　2013年启动
　　　　2012年提前实现

第三期

900千克

2005年　2005年启动
　　　　2004年提前实现

800千克

第二期

2000年　2001年启动
　　　　2000年实现

700千克

第一期

1996年　1996年启动

亩产

▲ 超级杂交稻研究进展示意图

　　为进一步挖掘水稻产量潜力，2012年袁隆平提出了超级杂交稻株型育种新模式，育成的超级杂交稻"超优千号"于

2015—2016年突破16吨/公顷，2017年突破17吨/公顷，突破了国际水稻界公认的热带地区水稻单产极限（15.9吨/公顷），中国的超级稻研究持续领跑世界。

"杂交水稻之父"半个世纪的追求

早在19世纪中期，达尔文就曾指出：两个遗传基础不同的植物或动物进行杂交，杂交后代所表现出来的各种性状均优于杂交双亲，这种现象称为"杂交优势"。那么作为人类食物主要来源之一，特别是在人类粮食作物中占绝对比重的水稻，能否通过杂交利用这一优势呢？在经典遗传学看来，水稻是自花授粉植物，"自花授粉作物自交不衰退，因而杂交无优势"。但中国一位年轻学者的发现改变了人们的这一传统看法：1960年，袁隆平在大田里观察到了一株"鹤立鸡群"的特殊水稻，比其他水稻生长、发育存在明显的优势。后经自交分离实验证明，

▲ 安江农校青年教师袁隆平

它就是天然的"杂交水稻"！这个发现有力地证明了：水稻是有自然杂交的，也就是说水稻中存在雄性不育现象。后来人工杂交试验进一步证明水稻具有杂种优势。这是杂交水稻史上的第一个重大发现。从此，袁隆平就踏上了研究杂交水稻的征程。

作为自花授粉植物，一朵水稻花中包含雄蕊和雌蕊，如果要使水稻在开花期内杂交成功，最好的办法就是使雄蕊处于不发育或败育状态，这样才有可能使雌蕊在有限时间内接收其

他稻株的花粉。由于水稻花器小，人工授粉困难，因此在生产应用中不具有可行性。于是，寻找雄性不育系即雄蕊退化但雌蕊正常的母水稻就成了袁隆平及其科研团队的首要攻关目标。1966年，袁隆平在《科学通报》上发表论文《水稻的雄性不孕性》，在国内首次论述水稻雄性不育性的问题，提出了水稻杂种优势利用的设想。

找到天然具有雄性不育遗传特征的水稻试验材料以后，用什么来与这些试验材料杂交呢？起初，袁隆平与他的科研小组采用了籼稻不育型与籼稻杂交、粳稻不育型与粳稻杂交、籼稻不育型与粳稻杂交，进行了3000多次试验，但都没有取得理想的结果。1970年，袁隆平改用野生稻与栽培稻远缘杂交以产生不育材料进而培育不育系的途径。他的助手李必湖和

▲ 1967 年袁隆平在试验田介绍雄性不育水稻

▲ 杂交水稻早期研究

海南南红农场技术员冯克珊在南红农场收集野生稻的过程中发现了花粉败育的野生稻株（野败），为杂交水稻不育系培育打开了突破口。1972 年，全国育成首批野败型不育系及保持系，1973 年又筛选出恢复系，至此我国杂交水稻研究的三系配套终于成功实现，标志着我国成为世界上第一个成功利用水稻杂种优势的国家。1976 年三系法杂交水稻在全国推广，亩产达到 500 多千克，比常规水稻增产 20%。1981 年，"籼型杂交水稻"荣获我国第一个国家发明奖特等奖。

三系法杂交水稻的成功震惊了全世界，被外国媒体誉为"东方魔稻"，袁隆平也赢得了极高的荣誉。1982 年，国际水稻研究所所长及印度前农业部部长斯瓦米纳森博士称赞袁隆平为

"杂交水稻之父"。1987 年，联合国教科文组织总干事姆博称赞袁隆平取得的成果是继 20 世纪 70 年代国际培育半矮秆水稻之后的"第二次绿色革命"。

1986 年，袁隆平在论文《杂交水稻的育种战略》中提出将杂交水稻的育种从选育方法上分为三系法、两系法和一系法三个发展阶段，即育种程序朝着由繁至简且效率越来越高的方向发展；从杂种优势水平的利用上分为品种间、亚种间和远缘杂种优势的利用三个发展阶段，即优势利用朝着越来越强的方向发展。为确保我国粮食安全，1987 年，"两系法杂交水稻技术研究与应用"被科技部列为国家"863 计划"生物领域 101-01-01 专题，袁隆平院士出任专题组长、责任专家，组织全国协作攻关。

1995 年，两系法杂交水稻研究获得成功，比同熟期三系杂交稻增产 5% ~ 10%。两系法杂交水稻是我国独创并拥有完全自主知识产权的重大科技成果，为保障我国以及世界粮食安全提供了新的科技支撑，同时带动和促进了油菜、高粱、棉花、玉

▲ 袁隆平杂交水稻创新团队

米、小麦等作物两系法杂种优势利用的研究与应用，开创了作物杂种优势利用新领域。其研究成功促进了我国水稻科技的进步和发展，进一步彰显了我国杂交水稻技术的研究实力和水平，确保了我国杂交水稻技术的世界领先地位。

截至 2015 年，全国累计育成两系法杂交水稻组合 600 多个，种植区域遍布全国 16 个省（市、区），累计推广近 7 亿亩，稻谷总产量约 3220 亿千克，总产值超过 7700 亿元。2013 年，"两系法杂交水稻技术研究与应用"荣获国家科学技术进步奖特等奖。

我国自 1976 年开始大面积推广应用杂交水稻 40 多年来，全国杂交水稻累计种植面积约 5 亿公顷，累计增产稻谷约 6500 亿千克，为确保我国粮食安全提供了重要保障，也为改革开放的实施和中国经济的腾飞奠定了坚实基础。

发展杂交水稻　造福世界人民

杂交水稻是我国首创的重大科技成果，为保障中国乃至世界粮食安全发挥了巨大作用。1980 年，杂交水稻技术作为中华人民共和国成立以来的第一项农业技术转让美国，引起了国际社会的广泛关注。20 世纪 90 年代初，联合国粮农组织（FAO）将推广杂交水稻列为世界产稻国提高粮食产量、解决粮食短缺问题的首选战略措施。

"杂交水稻覆盖全球梦"是袁隆平的伟大梦想。几十年来，他一直致力于"发展杂交水稻、造福世界人民"，多次前往印度、孟加拉、越南、菲律宾、美国等十多个国家指导和传授杂交水稻技术。他的目标是让中国杂交水稻覆盖全球一半的稻田，增产的粮食每年可以多养活 4 亿 ~ 5 亿人口。

在我国政府的帮助下，全球有近 40 个国家和地区开展杂交

2000 年　超级杂交稻研究取得重大成果

▲ 袁隆平向国际友人介绍超级杂交稻

水稻研究和试种示范，其中美国、印度、越南、巴基斯坦、孟加拉、印度尼西亚和菲律宾等国家已实现商业化生产，普遍比当地品种增产 20% 以上，有的甚至成倍增产。目前，国外杂交水稻年种植面积约 600 万公顷。

在袁隆平的倡导下，"杂交水稻外交"正成为我国农业"走出去"和服务"一带一路"倡议的一项重要内容，正成为我国科学发展、和平崛起、向世界展示大国责任的一个重要标志。

展　望

科技创新永无止境。2016 年 5 月，全国科技创新大会、两院院士大会、中国科协第九次全国代表大会在北京隆重召开，吹响了把我国建设成为世界科技强国的号角。在国家创新驱动发展战略和供给侧改革大背景下，从产量、品质、抗性、广适性等方面，对杂交水稻科技创新提出了更高的要求。未来几年，杂交水稻主要从以下几个方面继续创新。

第三代杂交水稻技术研究

第三代杂交水稻是以遗传工程雄性不育系为遗传工具的杂交水稻。

目前，袁隆平科研团队利用分子生物技术获得了粳稻及籼稻遗传工程核不育系。该不

▲ 第三代杂交水稻

育系不仅具有三系法不育系育性稳定和两系法不育系配组自由的优点，同时克服了三系不育系配组受局限和两系不育系可能因气候异常导致育性恢复、制种失败以及繁殖产量低的缺点。遗传工程核不育系每个稻穗上结 50% 的有色种子和 50% 的无色种子，无色的种子是雄性不育的，用于杂交水稻制种，有色种子是可育的，用于繁殖不育系。利用色选机可将两者彻底分开，制种和繁殖都非常简便易行。

第三代杂交水稻技术使得选育具备优质、高产、抗性强和广适特质的超级杂交稻组合的概率大大提高，将为保障国家粮食安全、提升国家粮食生产能力提供新的科技支撑。

镉低积累水稻研究

近年来，由稻米镉超标引起的粮食安全问题已成为我国社会关注的热点。农业部稻米质量监督检验中心曾对我国市场的稻米进行安全性抽检，结果发现镉超标率高达 10.3%，详细的数据分析显示：南方稻米的镉污染比北方更严重，如江西、湖南的一些县市，稻米镉超标的问题非常突出。

袁隆平科研团队通过基因组编辑技术与水稻杂种优势利用技术的集成创新，在国际上率先建立了培育低镉籼型杂交稻亲

本及组合的技术体系，可快速、精准培育出不含任何外源基因的低镉籼型不育系、恢复系及低镉杂交稻组合。经过两年三点高镉大田（总镉含量 0.6 毫克 / 千克以上）鉴定试验，其糙米镉含量稳定在 0.06 毫克 / 千克以下，远低于 0.2 毫克 / 千克的国家标准（国际标准为 0.4 毫克 / 千克），且产量、品质等综合农艺性状较原始品种（系）无显著差异，而相同情况下的对照品种，包括"应急性低镉品种"，稻米镉含量远远高于国家标准。

耐盐碱水稻研发　耐盐碱水稻俗称"海水稻"，因其可耐受海水的短期浸泡，故可以在海边滩涂等盐碱地正常生长。

耐盐碱水稻相比于普通水稻，具有以下优点：灌溉可以使用半咸水，能够节约淡水资源；盐碱地中微量元素较高，耐盐碱水稻矿物质含量较普通水稻高；由于在盐碱地生长，病虫害

▲ 耐盐碱水稻

少，耐盐碱水稻基本不需要施用农药，是天然的绿色有机食品。

耐盐碱水稻的另一个重要意义还在于，它的推广种植有望改良盐碱地，使之逐渐变成良田。全球有 9.5 亿公顷盐碱地，亚洲 3.2 亿公顷，而中国有 1 亿公顷（15 亿亩）盐碱地，其中 2.8 亿亩可开发利用。因此，耐盐碱水稻的研发前景非常广阔。

2016 年，袁隆平科研团队与青岛市政府共同成立青岛海水稻研究发展中心，开始耐盐碱水稻的研究。2016 年耐盐碱水稻试验种植亩产突破 500 千克，2017 年在 0.6% 盐度条件下测产最高亩产达到 620.95 千克。

2018 年 5 月，袁隆平带领的青岛海水稻研发中心在青岛城阳、黑龙江大庆、陕西南泥湾、新疆喀什和浙江温州五个试验基地同时开展耐盐碱水稻试种试验，为我国大面积盐碱地筛选优势海水稻品种。

超级杂交稻 18 吨 / 公顷高产攻关　我国是人口大国，解决好十几亿人口吃饭问题始终是我国政府面临的首要民生问题。近年来，城镇化进程加快、人口持续增长、耕地和淡水资源不断减少等客观因素都在频频挑战国家粮食安全底线。因此，通过科技进步，提高粮食作物单位面积产量，对于保障我国粮食安全，仍然具有十分重要的现实意义。袁隆平多次强调，追求高产更高产是个永恒的主题，要在保证产量的前提下追求优质。

在超级杂交稻 2017 年突破 17 吨 / 公顷再次刷新世界水稻单产最高纪录以后，袁隆平及由他带领的科研团队并没有停下继续攀登的脚步。2018 年，超级杂交稻 18 吨 / 公顷攻关在湖南、云南、江西、安徽等 13 个省的 20 个攻关示范点展开，争取到 2021 年，实现超级杂交稻产量 18 吨 / 公顷的目标，向党的一百周岁献礼。

（图文 / 国家杂交水稻工程技术研究中心　李承夏）

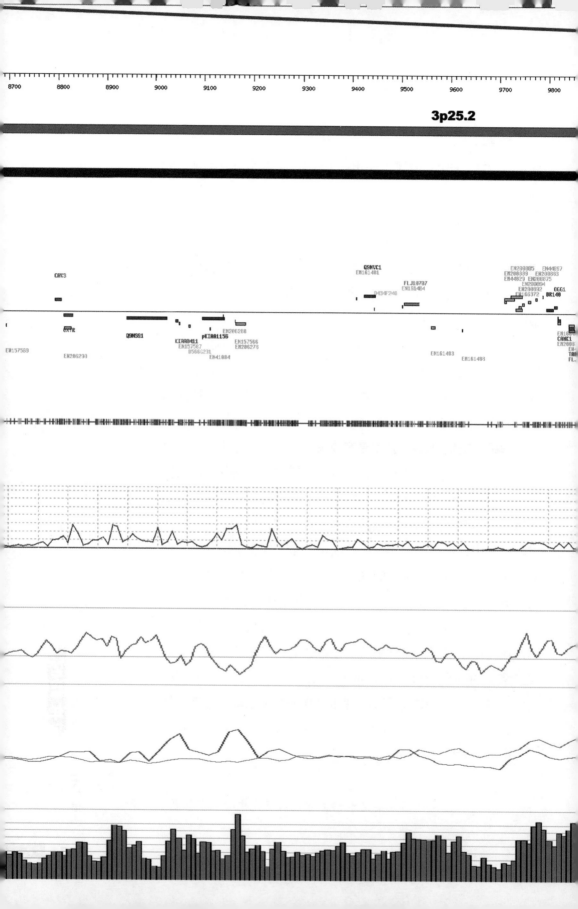

3p25.2

2001 年

人类基因组
"中国卷"绘制完成

　　2001年8月26日，国际"人类基因组计划"（Human Genome Project，HGP）中国部分的课题汇报及联合验收会在京召开，标志着被誉为"生命登月"的"人类基因组计划"的"中国卷"宣告完成。尽管参与最晚、时间最短，但我国科学家争分夺秒、迎难而上，比原计划提前两年率先绘制出完成图。与草图相比，完成图的覆盖率从90%提高到100%，准确率从99%提高到99.99%，其中一半以上达到100%。中国作为参与该计划唯一的发展中国家，为破译人类基因组"天书"作出了重要贡献，为中国生命科学和生物产业的发展做了意义极为重大的铺垫，成为我国基因组学研究领域的新起点和里程碑。

解读人体"基因密码"的
"生命之书"

经过长达六年的全球性讨论,"人类基因组计划"(HGP)于 1990 年由美国率先启动,英国、法国、德国、日本和中国相继于 1996—1999 年加入。该计划是一项越国界、跨世纪的科学壮举,其核心内容是测定人类全基因组的长达 30 亿个碱基 / 核苷酸的 DNA 序列,从而获得人类自身最重要的遗传信息,实现人类对自身认识的一次最重大的飞跃。它与"曼哈顿原子弹计划"和"阿波罗登月计划",被并称为人类自然科学史上的"三大计划",是人类文明史上最伟大的科学创举之一。

▲ 1999 年 9 月 1 日,中国参与"人类基因组计划"时 16 个中心负责人合影

来之不易的 1% 人类基因组"中国卷"

HGP这一举世瞩目的宏图，让全球科学界为之欢呼和激动。中国作为一个大国，在道义上一直对这一公益性的国际计划表示支持。但是，最有效的支持就是直接加入到这一计划之中，为这一计划贡献自己的力量。

1997年11月，杨焕明、汪建、于军、刘斯奇、贺林、贺福初等为中国基因组科学的腾飞从世界各地走到了一起，相聚在中国遗传学会青年委员会第一次会议上，一起勾画出了久萦于怀的中国基因组学学科建设和生物产业发展的蓝图。1998年10月，他们之中的四人落户中国科学院遗传研究所，成立了人类基因组中心。面对前所未有的机遇和挑战，杨焕明等一起准备争取参与国际"人类基因组计划"。

他们的举动得到了国家科技部、中国科学院领导的支持和国家基因组北方中心、南方中心同行的呼应，进而受到了国际主流科学家的欢迎。人类基因组中心于1999年6月26日正式向美国国立健康研究院（NIH）的人类基因组研究所（NHGRI）提出了中国加入HGP的申请，7月7日，国际HGP网站公布了中国的申请。

为了完成这一艰巨的任务，他们还成立了有法人资格的北京华大基因研究中心（华大基因），为参与"人类基因组计划"做好了各方面的准备。

在国际顾问和朋友们的积极策应下，华大基因争取到了在1999年9月1日于英国召开的第五次国际人类基因组测序战略讨论会上陈述申请、争取参与的机会。在会议上，杨焕明向与会的五国基因组专家汇报了扎实的前期准备工作、翔实的课题计划和资金安排，提交了已经完成的近70万个碱基的测序和组

▲ 1999 年 9 月 9 日 9 分 9 秒，北京华大基因研究中心成立

装的数据，并承诺在 2000 年春完成所承担的任务，而且保证遵守有关数据公布的共识：即时上网，免费分享。

　　杨焕明的陈述说服了所有代表，使国际同行对中国充满了信心：华大基因的设备运行情况已达到国际先进水平，中国科学家已经掌握了基因组测序的全部技术关键和细节。而业已递交的数据，已使中国成为当时递交人类 DNA 序列数据最多的六个国家之一。大会一致通过接纳中国正式加入国际"人类基因组计划"协作组并承担 3 号染色体短臂近端粒区域约 30 厘米遗传距离的测序任务，也就是"1%项目"的由来。这不仅是中国在道义上对国际"人类基因组计划"的有力支持，更是对这一公益性研究具有实际意义的贡献。继美、英、法、德、日之后，中国成了国际"人类基因组计划"的第六个参与国，也是唯一的发展中国家。

1999 年 9 月 5 日，国际"人类基因组计划"协作组公布了中国正式成为国际"人类基因组计划"的消息。人们注意到其中的一句话："中国已成为'人类基因组计划'最后一位贡献者。"这时距完成人类基因组工作框架图只有半年时间了。

随后，在陈竺、强伯勤、吴旻、郝柏林的四方呼吁和鼎力支持下，国家科技部、国家自然基金委和中国科学院给予了及时支持，中国基因组研究驶上了一条与国际同步的快车道。

华大基因与国家基因组北方中心、南方中心密切合作，在短

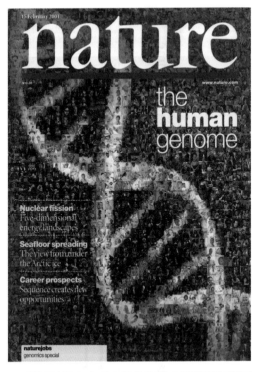

▲ 国际科学杂志《自然》刊登人类基因组草图的封面设计原稿

短 6 个月时间里，走过了国外积累 10 年的历程，于 2000 年年初完成了约 1% 基因组序列工作框架图。2000 年 6 月 26 日，参与国际人类基因组计划的美、英、德、日、法、中六国同时联合宣布，人类基因组工作框架图已经绘制完成，这是人类历史上"值得载入史册的一天"。

时任美国总统的克林顿在白宫科学庆典上发表讲话，将国际人类基因组计划誉为"解读生命的天书，人类进步的里程碑"，并在讲话中称："我要感谢他们国家（英、日、德、法）的科学家，不仅是他们国家的，还有中国的科学家，对广泛国际合作的'人类基因组计划'所作的贡献。"

"人类基因组计划"是人类自然科学史上最伟大的创举之一，它的意义已被包括我国在内的各国各界所认同。它所倡

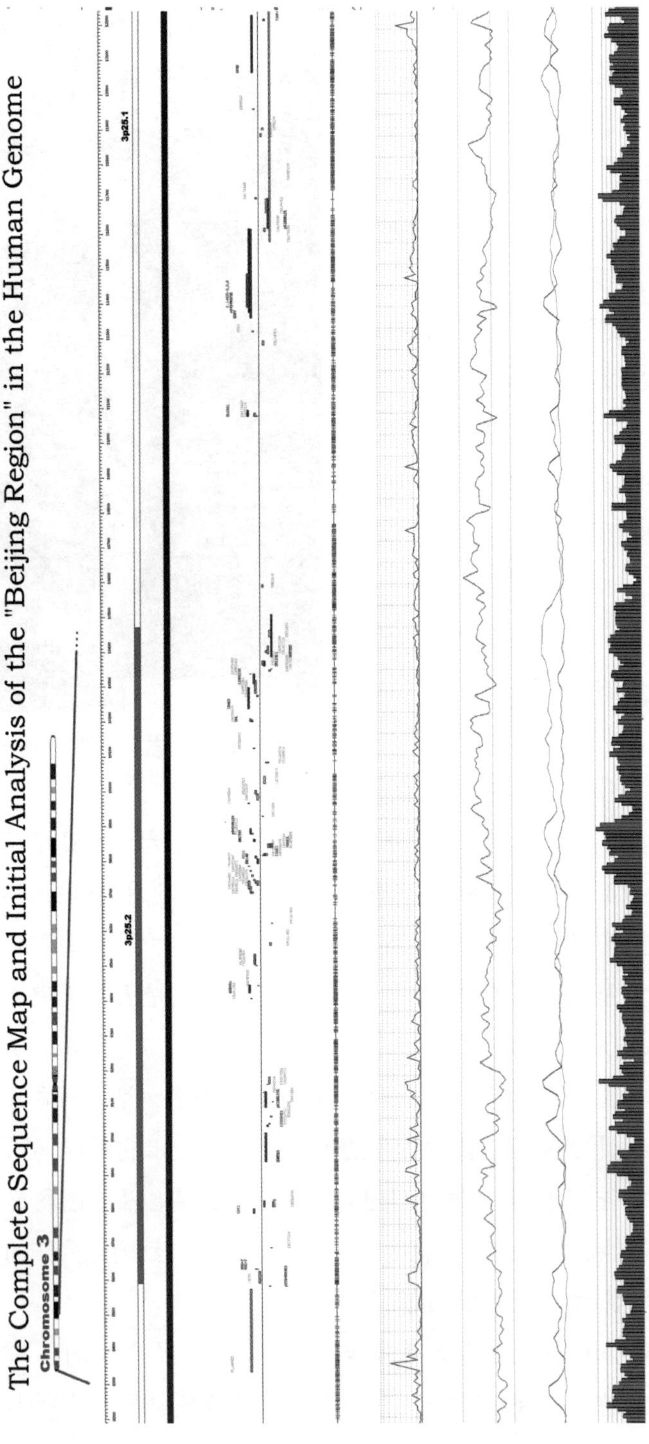

The Complete Sequence Map and Initial Analysis of the "Beijing Region" in the Human Genome

Chromosome 3

3p25.2

3p25.1

▲ "人类基因组计划" 中国部分完成图

导的"共需、共有、共为、共享"的"HGP精神",已成为人类自然科学史上国际合作的楷模。

2001年8月26日,国际"人类基因组计划"中国部分完成图提前两年高质量地绘制完成,项目正式验收、结题。

中国基因组研究的里程碑

江泽民同志在2000年6月28日对我国科学家在人类基因组计划中作出的贡献给予了高度的评价。他说:"'人类基因组计划'是人类科学史上的伟大科学工程……我向我国参与这一工作并作出杰出贡献的科学家和技术人员表示衷心的感谢,向国际上参与这一研究的科学家和技术人员表示热烈的祝贺。"

1%人类基因组测序是我国基因组学研究的新起点。"1%项目"的完成有着重大的国际和历史意义。

第一,中国对"人类基因组计划"的贡献,不仅在于完成了1%的工作量,而且作为唯一的发展中国家的加入,改变了国际人类基因组研究的格局,提高了"人类基因组计划"国际合作的形象,中国科学家倡导的"共需、共有、共为、共享"的原则使得全球特别是发展中国家的科学家,在生命科学研究和生物技术领域处在新的同一起跑线上。

第二,"1%项目"的完成,表明了中国科学家有能力参与国际重大科技合作研究,并作出重要贡献。

第三,"1%项目"带动了中国基因组学的飞速发展,建立了华大基因等集现代生物学技术、自动化设备、工业化管理、高性能计算信息处理和团队合作精神于一体的大规模基因组信息学研究中心。

第四,"1%项目"对民众进行了一次声势浩大和深入人心的基因普及教育，为中国生命科学和生物产业的发展做了一次意义极为重大的铺垫。

1%→10%→100%

"人类基因组计划"的实施极大地促进了生命科学研究的发展。短短几年内，人类不仅初步解码了自己的遗传信息，还获得了包括高等模式动物在内的近千个物种的全基因组数据；随后启动的国际"人类基因组单体型图（HapMap）计划"完成了第一张人类遗传多态性图谱，为广泛开展疾病的遗传研究奠定了坚实的基础；国际"千人基因组计划"和"肿瘤基因组计划"也已经付诸实施，以进一步阐明基因及其他遗传因子在生命活动以及疾病发生过程中的作用机理。生命科学研究正步步深入，向着实现疾病的预测、预防和诊疗，提高人类的健康水平和生活质量的愿景跨出新的一步。

基因组学研究的突破与飞速发展为实现中国生命科学和健康事业的辉煌提供了不可多得的历史机遇。中国人具有自己特定的遗传背景和基因多样性，了解中国人群的基因组信息是研究中国人基因与疾病、健康相关性的基础。建立中国人和亚洲人的参照基因组图谱，对中华民族的医疗卫生事业和健康产业发展有着不言而喻的重要性和必要性。

在完成"1%项目"过程中建立的华大基因团队，进而承担了国际"人类基因组单体型图计划"的10%任务，完成了包括中国人在内的亚洲人群的单体型图绘制。2007年10月，华大基因宣布其历时半年采用新一代测序技术，完成了全球第一个中国人基因组图谱的绘制工作，这也是第一个亚洲人的全基因组序列图谱。中国科学家采用新一代测序技术独立完成了100%人基因组序列图谱绘制，实现了基因组学研究的跨越性发展。

近些年，中国一直加大在基因组学研究领域的投入，取得了初步成果。2013 年华大基因收购美国测序仪上市公司 CG（Complete Genomics），经过持续优化和创新，建立了自主研发、生产基因组学核心设备的能力。科技部重大科研计划支持的相关项目也在进行中。这会为中国的基因组学发展打下坚实的基础，继续提高中国在基因组学研究及应用领域的国际地位。

在《中华人民共和国国民经济和社会发展第十三个五年规划纲要》中，体现中国国家战略的百大工程项目中把"加速推动基因组学等生物技术大规模应用"列入其中，彰显了国家对原创性基因组学技术开发的重视程度，将极大地推动基因组学技术在人类疾病、医疗健康、农业生态等各个领域的广泛应用。

（图文／深圳华大生命科学研究院）

▼ 华大基因测序实验室测序仪

2002 年

"龙芯"高性能通用微处理器研制成功

2002 年 9 月，我国首枚高性能通用微处理芯片——"龙芯 1 号"系列高性能通用微处理器（CPU）研制成功，这是中国科学院知识创新工程和国家"863 计划"的重大成果，标志着我国已初步掌握当代 CPU 设计制造的关键技术，改变了我国信息产业的无"核"历史。从"龙芯 1 号"到"龙芯 3 号"的研制成功，龙芯团队用事实证明了 CPU 自主研发的道路是走得通的。

"龙芯 1 号" CPU 研制成功

CPU 的全称是 Central Processing Unit（中央处理器），它是计算机中最重要的部分。英特尔公司于 1971 年研制出第一个微处理器——4004，1978 年诞生的 8086 处理器建立了目前应用最广泛的个人电脑的行业基础。

通用 CPU 是信息领域最基础和核心的芯片，是推动人类从工业社会走向信息社会的标志性生产工具。我国因缺乏独立自主的处理器设计技术，在信息产业上严重受制于人。如果不攻克通用 CPU 这个信息领域的最高峰，我们的指挥系统、武器装备、金融中心等关系到国家安全和社会稳定的领域和部门就难以有真正的安全，国家安全将受到严重威胁。

20 世纪 90 年代，中国科学院计算技术研究所（计算所）的科研人员大多是做计算机的，真正懂芯片设计的人不多，因此几乎没有人认为所里能造出通用 CPU 来。但中国科学院计算技术研究所还是选择了通用 CPU 这一国家战略产品作为重要的攻关目标，于 2001 年成立了"龙芯"课题组。

计算所所长李国杰在选定项目负责人时定了几条标准：第一，要有扎实的学术基础和有望成为将帅人才的基本素养；第二，要有充分的自信心和想打胜仗的激情；第三，要有高度的责任感和完善自我的可塑性。他在主动请缨的年轻人胡伟武身上看到了这几点，但是否让这位"初出茅庐"的年轻人挂帅出征，李国杰考虑了很长时间。在慎重考虑后，李国杰认为做科学研究与做大工程项目不同，如果负责人从一开始就完全清楚每一步怎么做，那么创新的余地也很小了，应该给年轻人机会，并且他也相信人才是"逼"出来的。就这样，重担压在了胡伟武的肩上。

"龙芯"课题组刚成立时，只有十来个人及一间几十平方米的实验室。胡伟武知道，计算所拿出创新经费的一半来做CPU是顶着巨大压力的，如果做砸了，对不起纳税人。30岁出头的胡伟武，带领"龙芯"团队从逻辑设计与验证做起，按照稳扎稳打、步步为营的方针，从系统结构到C模拟器设计，再到Verilong设计以及FPGA验证，每一步都要经过反复论证。

"人生能有几回搏"——凡是走进"龙芯"实验室的人，都会看到墙上挂着的这几个曾经激励过曙光团队的大字。这是胡伟武经常对自己和项目组说的一句话，也是时刻激励着他忘我工作的强劲动力。对于项目组来说，早上7点上班，一直工作到深夜，那是再平常不过的事，连续三天三夜加班，也只能说是家常便饭。在方案最终交付的前夕，测试报告出了问题，胡伟武对项目组说："不是100分就是0分！我们肩负的是历史的使命，因为我们要做出中国第一台不依赖于洋人CPU的计算机。"在最后的时间，项目组连续加班六天六夜验证调试，向国家交出了满意的答卷。

2002年8月10日清晨2点1分，这是一个中国信息技术领域永远铭记的时刻。"龙芯"投片成功了！

"龙芯1号"CPU采用0.18微米CMOS工艺实现，定点字长32位，浮点字长64位，主频266兆赫，实际运行功耗小于0.5瓦。其指令系统与国际主流的MIPS系列兼容，支持Linux操作系统、国际上流行的VxWorks实时操作系统和国产的女娲（Hopen）嵌入式操作系统等。

"龙芯1号"CPU的研制成功，表明我国已开始掌握CPU设计的核心技术，结束了中国人不能设计通用CPU芯片的历史。

"龙芯"提升我国信息产业的
自主创新能力

"龙芯"系列处理器芯片产品包括 32 位和 64 位单核及多核 CPU/SOC，主要面向国家安全、高端嵌入式、个人电脑、服务器和高性能机等应用，有"龙芯 1 号"小 CPU、"龙芯 2 号"中 CPU 和"龙芯 3 号"大 CPU 三个系列。

"龙芯 1 号"的主频是 266 兆赫，于 2002 年起使用。"龙芯 2 号"最高主频为 1 吉赫，"龙芯 3 号"于 2010 年推出产品，是一款多核心 CPU 芯片。从"龙芯 1 号"到"龙芯 2B"，性能提高 3 倍，到"龙芯 2C"又提高 3 倍，再到"龙芯 2E"，又提高 3 倍，发展速度是摩尔定律的 4 倍以上。从"龙芯 1 号"到"龙芯 3A3000"，SPEC CPU 标准程序测试结果表明，"龙芯"CPU 的性能提高了 120 倍。

目前，"龙芯 3A4000"的研发正在稳步推进中，就模拟的结果来看，"龙芯"团队依靠微结构优化，可将性能提升约 30%。3A4000 研发成功之后，"龙芯"会以 3A4000 的内核开发一款 16 核服务器 CPU，采用 14/16 纳米工艺，主频有望达到 2 吉赫～2.4 吉赫，SPEC2006 定点（单线程）成绩达到 20 分以上（GCC 编译器）。对于党政办公和普通用户日常使用而

| SPEC 分值 20 分 | SPEC 分值 50 分 | SPEC 分值 500 分 | SPEC 分值 800 分 | SPEC 分值 2400 分 |

"龙芯 1 号"　　"龙芯 2B"　　"龙芯 2E"　　"龙芯 3A"　　"龙芯 3A3000"

▲ "龙芯"CPU 性能提高了 120 倍

言，3A4000 和 3C5000 将实现从可用到好用的跃迁。

"龙芯"从 2001 年立项，2010 年成立公司做产业化运营，到 2015 年实现盈利，2017 年实现自有利润研发运转，已经过去了 17 个年头。都说"十年饮冰，难凉热血"，"龙芯"走过了饱受质疑的 17 年，仍然保持初心，立志让中国人用上自己的CPU。目前，"龙芯"的 3 种处理器各有所长，在各自领域都做出了一些特色。

从 2015 年起，中国航天科工集团公司同"龙芯"合作开展了自主可控信息系统迁移示范项目，完成了 18 个国家级的涉密应用系统的国产化迁移，通过集团内部试点，部署了千余台自主可控计算机集群，初步实现了自主可控信息系统上线运行的"国密网"。2018 年，"龙芯 3A3000"发布，这是一款工业核心板，主要针对工控领域。"龙芯"的这款板卡采用高抗震、全表贴、模块化设计，具有高性能、高国产化、高稳定、高可靠等特点，可广泛应用于国防、政府、科研、医疗、电力、通信、交通等领域。

航天装备	战略武器
装备 6 颗北斗二代导航卫星和在研 20 颗各类卫星	装备多款杀手锏武器
石油勘探	核电控制
我国首款石油勘探钻头用耐 175℃高温 CPU	用于核电控制机组仪控设备

▲ "龙芯"CPU 已成为国防应用的主力国产芯片

"龙芯"的3A3000+7A处理器COMe方案国产化程度很高，特别是采用了7A1000桥片顶替了过去的AMD780E，实现了主芯片全国产化。除了主芯片实现国产化外，3A3000+7A处理器COMe方案中还使用了国产的存储芯片，是模块板载处理器、桥片、存储等主芯片全面实现国产化的一套解决方案。

▲ 3A3000+7A 处理器 COMe 方案

"龙芯"未来要坚持走自主可控之路

近年来，"龙芯"在技术上和产业化上都获得了成功。在技术方面，随着3A2000/3B2000 和 3A3000/3B3000 两代产品的迭代演进，实现了 CPU 技术上的大跨越，在采用同一代制造工艺的情况下，CPU 性能提升了 2～3 倍，基本满足了党政办公电脑的需求。

在产业化方面，3A2000/3B2000 以及 3A3000/3B3000 系列处理器在多个国产化项目中实现了批量部署和应用。

在 2017 年第十二届"中国芯"评选上，"龙芯"的 3A3000

处理器被评为最具潜质产品，中科曙光的 3B3000 服务器、中科龙安的"龙芯"国产大数据一体机、南京龙渊众创的基于国产"龙芯"芯片的无线模块都被评为最具创新应用产品。此外，"龙芯"还应用于包括北斗卫星在内的十几种国家重器中，并且已走向国际。

　　十几年来，"龙芯"始终坚持自主创新，已经掌握计算机软硬件的核心技术，并在自主创新之路上越走越远，未来"龙芯"的目标是进入民用市场，为国产芯片在民用领域的大规模产业化而努力！

（图文／中国科学院计算技术研究所）

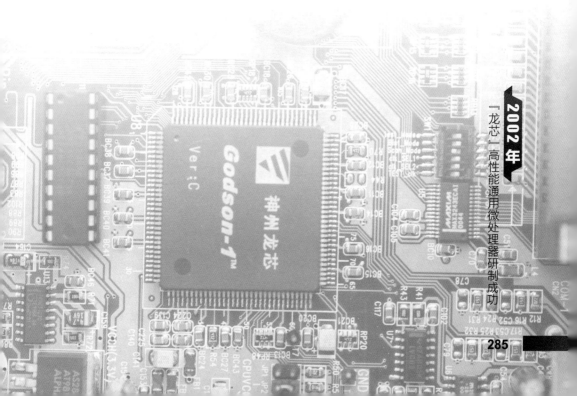

2002年

「龙芯」高性能通用微处理器研制成功

2003 年

我国第一艘载人飞船"神舟五号"发射成功

2003 年 10 月 15 日，我国第一艘载人飞船"神舟五号"发射成功，中国人几千年的飞天梦想终成现实。中国成为继苏联 / 俄罗斯和美国之后世界上第三个将人类送入太空的国家，由此拉开了中国人探索太空的序幕。中国载人航天工程通过一次次任务的成功不断实现新的突破和超越。工程自立项实施以来，先后突破掌握天地往返、空间出舱、交会对接、航天员中期驻留、推进剂在轨补加等核心关键技术，成功组织实施 15 次飞行任务，11 名（14 人次）航天员飞上太空并安全返回，取得了举世瞩目的辉煌成就，充分彰显了伟大的中国道路、中国精神和中国力量。

华夏民族终圆飞天梦想

现代宇宙航行学的奠基人、航天学和火箭理论的奠基人康斯坦丁·齐奥尔科夫斯基曾说:"地球是人类的摇篮,但人类不可能永远被束缚在摇篮里。"我国古代就有嫦娥奔月的美丽传说、夸父逐日的动人神话、牛郎织女的凄美故事,以及敦煌壁画中千姿百态的飞天图景,可见飞天梦一直在华夏民族的血液里,激励有志之士去实现。

20世纪50年代,中国百废待兴。1956年2月,著名科学家、中国航天事业奠基人钱学森向中央提出了《建立我国国防航空工业的意见》。同年3月,中央决定组建专门从事火箭、导弹的研究机构,中国航天事业由此起步。1986年,我国改革开放总设计师邓小平在著名科学家王大珩、王淦昌、杨嘉墀、陈芳允联合提出的《关于跟踪研究外国战略性高技术发展的建议》上做出"此事宜速作出决断,不宜拖延"的重要批示,"863计划"由此诞生。该计划的实施,使我国载人航天相关技术正式列入了国家重点发展计划。

1992年9月21日,经中央批准,中国载人航天工程正式启动。基于我国国情及实际考虑,工程从飞船起步,按"三步走"发展战略实施:第一步,发射载人飞船,建成初步配套的试验性载人飞船工程,开展空间应用实验。第二步,突破航天员出舱活动技术、空间飞行器的交会对接技术,发射空间实验室,解决有一定规模的、短期有人照料的空间应用问题。第三步,建造空间站,解决有较大规模的、长期有人照料的空间应用问题。中国载人航天事业由此踏上征程。

1999年11月20日,第一艘试验飞船"神舟一号"在酒泉卫星发射中心发射升空，21小时后，飞船成功着陆，中国载人航天工程首飞取得圆满成功。随后，相继发射了"神舟二号""神舟三号""神舟四号"三艘飞船，飞船的各项性能得到不断完善，为载人航天飞行奠定了坚实的基础。

2003年10月15日，"神舟五号"载人飞船在酒泉卫星发射中心发射升空，飞船载着中国飞天第一人——杨利伟在太空遨游14圈后，安全着陆于内蒙古自治区四子王旗。首次载人航天飞行的圆满成功，初步实现了我国载人航天战略三步走的第一

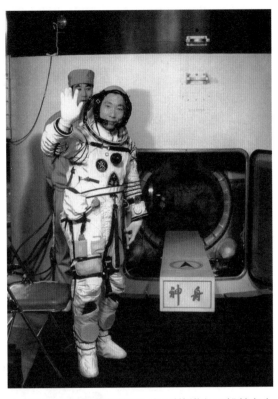

▲ "神舟五号"任务航天员杨利伟进入飞船前向人们挥手致意

个目标，是我国航天发展史上一座新的里程碑，标志着我国已经成为世界上独立自主地完整掌握载人航天技术的国家之一。中共中央、国务院、中央军委贺电："这是中华民族在攀登世界科技高峰征程上完成的一个伟大壮举。全世界为之瞩目，全国各族人民为之自豪。"新华时评称这"标志着中国人民在攀登世界科技高峰的征程上又迈出具有重大历史意义的一步"。2003年11月20日，12名航天科研和管理专家获"载人航天功臣"荣誉称号。我国首位航天员杨利伟被授予"航天英雄"称号。

2005年10月12日，费俊龙、聂海胜两名航天员驾乘"神舟六号"在酒泉卫星发射中心冲破云霄。飞船在太空中飞行了115小时32分钟，成功绕地球77圈后安全返回，"多人多天"

成功巡天，圆满实现了工程第一步任务目标。

载人航天技术接连突破

2008 年，中国载人航天事业又迈出了重大一步。

2008 年 9 月 25 日，翟志刚、刘伯明和景海鹏三名航天员驾乘"神舟七号"飞船冲破夜空的寂静，一飞冲天。27 日，航天员翟志刚打开飞船轨道舱舱门，迈出中国人漫步太空的第一步，他挥舞国旗，在太空中向世界问好！此举使我国成为世界上第三个独立掌握空间出舱活动关键技术的国家。

2011 年 9 月 29 日，我国"天宫一号"空间目标飞行器成功发射。2011 年 11 月 3 日凌晨，经过捕获、缓冲、拉近、锁

▲ "天宫一号"与"神舟八号"交会对接示意图

▲ "神舟九号"发射（高剑 摄）

紧四个步骤，"神舟八号"飞船与"天宫一号"目标飞行器成功
实现刚性连接，形成组合体，我国首次空间交会对接试验获得
成功，成为世界上第三个自主掌握空间交会对接技术的国家。

　　2012 年 6 月，"天宫一号"和"神舟九号"先后通过自动控
制和手动控制两次对接成功，航天员景海鹏、刘旺，以及中国
首飞女航天员刘洋入驻"天宫一号"。

　　2013 年 6 月，"神舟十号"航天员聂海胜、张晓光和王亚平

▲ "神舟十号"航天员王亚平演示太空失重条件下的陀螺运动
　（秦宪安 摄）

2003年
我国第一艘载人飞船『神舟五号』发射成功

291

在成功完成交会对接后进入"天宫一号"。20日,航天员王亚平进行了中国首次太空授课,6000万名中小学生通过电视转播同步收看,产生了巨大的社会反响。

几年间,"天宫一号"先后与"神舟八号""神舟九号""神舟十号"飞船进行了六次交会对接,完成各项既定任务,于2018年4月2日再入大气层烧蚀销毁。

空间实验室任务屡奏凯歌

2016年,中国航天事业创建60周年之际,载人航天空间实验室飞行任务也拉开大幕。面对一年内四次的高密度发射任务,以及新火箭、新发射场、新飞船等诸多考验,勇于创造奇迹的中国航天人在飞天路上屡奏凯歌。

▼ "天宫二号"发射(高剑 摄)

▲ "神舟十一号" 航天员景海鹏、陈冬 （李晋 摄）

2016 年 6 月 25 日，"长征七号" 一飞冲天，完成新一代中型运载火箭和海南文昌新型滨海发射场的首秀之战。

2016 年 9 月 15 日，"天宫二号" 空间实验室在 "长征二号" F T2 火箭的托举下飞入太空，这是中国第一个真正意义上的太空实验室，安排开展了地球观测和空间地球系统科学、空间应用新技术、空间技术和航天医学等领域的应用和实（试）验，应用载荷数量大幅增加，领域进一步拓展，载人航天事业进入了应用发展的新阶段。

2016 年 10 月 17 日，"神舟十一号" 飞船载着航天员景海鹏、陈冬搭乘 "长征二号" F 遥十一火箭冲入太空。19 日凌晨，"神舟十一号" 与 "天宫二号" 空间实验室交会对接。组合体飞行期间，相继开展了一系列体现国际科学前沿和高新技术发展方向的空间科学与应用任务。"神舟十一号" 载人飞船在轨飞行 33 天，是我国迄今为止持续时间最长的载人飞行。33 天，简单的数字背后凝聚的是无数载人航天追梦人的心血和汗水，铺就着华夏独有的登天云梯。

2017 年 4 月 20 日，我国第一艘货运飞船"天舟一号"出征太空，验证了货物补给、推进剂在轨补加等一系列关键技术，"天舟"货运飞船与"长征七号"运载火箭组成的空间站货物运输系统，使得我国空间站建设具备了基本条件。至此，空间实验室阶段任务完美收官！

空间站研制建设稳步推进

截至 2018 年 4 月，我国已完成空间站方案设计和关键技术攻关，空间站各舱段及其配套运载火箭、有关试验载荷等各类

▲ "天舟一号"示意图（神舟传媒 制作）

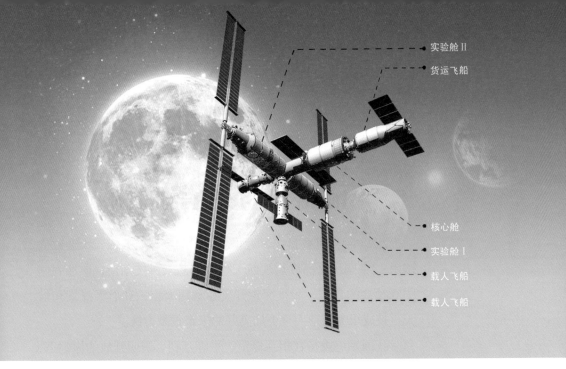

实验舱Ⅱ

货运飞船

核心舱

实验舱Ⅰ

载人飞船

载人飞船

▲ 中国空间站示意图

飞行产品正在进行研制生产和地面试验，载人飞船、货运飞船及其配套运载火箭等正在按计划生产，计划于 2022 年前后完成空间站建造。

　　中国空间站命名为"天宫"（TG），基本构型由核心舱、实验舱Ⅰ和实验舱Ⅱ三个舱段组成，呈水平对称 T 字形，提供三个对接口，支持载人飞船、货运飞船及其他来访飞行器的对接和停靠，建成后不仅将成为国家太空实验室，更是国际科技合作交流的重要平台。

　　中国空间站将具备支持近地轨道长期载人飞行的能力，安排开展多领域的空间科学实验和技术试验，研究解决人类在太空长期生存的基本问题，开展空间科学与应用基础研究，开展航天新技术验证，努力获取对全人类具有重大科学价值的研究成果和具有重大战略意义的应用成果。

　　在建设中国人"太空家园"的过程中，遵照习近平总书记"星空浩瀚无比、探索永无止境""中国人探索太空的脚步会迈得更大、更远"等一系列重要指示，我国还对载人航天后续发展进行深入论证和长远谋划，规划至 21 世纪中叶的载人航天发展路线图，努力推动载人航天事业可持续发展。

国际合作与交流全面展开

2017 年 6 月 6 日，习近平总书记向全球航天探索大会致信指出："中国历来高度重视航天探索和航天科技创新，愿加强同国际社会的合作，和平探索开发和利用太空，让航天探索和航天科技成果为创造人类更加美好的未来贡献力量。"

我国始终秉持在相互尊重、平等互利、透明开放的原则下，

▲ 2017 年 4 月，联合国外空司司长及六个国家驻维也纳联合国办事处代表，应邀来华参观载人航天工程有关设施，并在文昌航天发射场现场观摩"天舟一号"货运飞船发射任务 （杜伟栋 摄）

积极与世界有关国家和地区开展交流与合作，共同推动世界航天技术的进步和发展。工程自实施以来，先后与俄罗斯、德国、法国、意大利等国家，以及欧洲太空局、联合国外空司等航天机构和组织签署了多项政府间、机构间的合作协议，开展了一系列务实合作和交流活动。

"神舟五号"飞行任务期间，航天员杨利伟将联合国旗带入太空，联合国旗第一次随中国人环游宇宙；"神舟八号"飞船上，中德联合开展了空间生命科学实验；空间实验室任务阶段，安排了伽玛暴偏振探测仪和失重心血管功能研究两项国际合作项目。2013年，中国与联合国外空司在北京共同举办了载人航天技术国际研讨会；2016年，我国航天员叶光富赴意大利参加了欧洲太空局组织的洞穴训练；2017年，中欧航天员联合进行了海上救生训练。"天舟一号"任务期间，联合国外空司司长及六个国家驻维也纳联合国办事处代表，应邀来华参观载人航天工程有关设施，并在文昌航天发射场现场观摩"天舟一号"货运飞船发射任务。一张张国际面孔见证了中国载人航天事业的不断发展，在中国人的努力下，人类的载人航天活动更加丰富多彩。

未来空间站任务中，中国载人航天将以更加开放的姿态，在设备研制、空间应用、航天员培养、联合飞行和航天医学等多个方面，积极开展国际交流与合作，与世界各国特别是发展中国家，分享中国载人航天发展成果。中国愿与世界各国一起，共同推动载人航天技术发展，为和平利用太空、造福全人类作出更加积极的贡献。

沐浴改革开放的春风，中国载人航天工程不断发展壮大。随着中国航天事业快速发展，中国人探索太空的脚步会迈得更大、更远，中国载人航天工程的明天必将更加辉煌。

（图文／中国载人航天工程办公室）

2003年
我国第一艘载人飞船「神舟五号」发射成功

2004 年

我国首座国产化商用核电站秦山二期核电站建成投产

2004 年 5 月，我国第一座自主设计、自主建造、自主管理、自主运营的大型商用核电站——秦山二期核电站全面建成投产，这是继 1991 年我国第一座核电站——秦山核电站建成之后，我国核电事业的又一突破，是我国核电建设史上的里程碑，标志着我国实现了由自主建设小型原型堆核电站到自主建设大型商用核电站的重大跨越。

自主创新才能拿到世界第一

1985 年 3 月 20 日，中国大陆首座核电站前期工作走完十几年的风雨长途，终于在秦山开工建设。它是中国核工业军民融合发展最早的试验田，也是中国改革开放的见证者、参与者。

早在 1970 年 2 月 8 日，周恩来总理在听取上海市关于上海缺电的汇报后说："从长远看，要解决上海和华东用电问题，要靠核电。"他还说过："二机部不能光是爆炸部，要搞原子能发电。""一定要以不污染国土，不危害人民为原则，建设第一个核电站的目的不仅在于发电，更重要的是通过这座核电站的研究、设计、建造、运行，培训人员，积累经验，为今后的发展打好基础。"短短几句话，就为秦山核电的发展定了调：安全、经济、自力更生。

秦山核电站从零起步，机组数量从 1 到 9，发电量从 0 到 5000 亿千瓦时，运营业绩逐渐走到了世界第一，高水平谱写了"民族核电工业振兴"的新篇章。可以说，秦山核电站的发展史就是中国核电人自力更生、自主创新的奋斗史。

秦山一期 30 万千瓦级核电机组是我国自行设计、自行建造、自己运行管理的第一座原型压水堆核电站，其建成结束了中国大陆无核电的历史，实现了"零的突破"，被誉为"国之光荣"。

由于是原型堆，秦山核电站通过持续不断的技术改造和创新，使电站设备系统可靠性、机组整体安全性和经济性大幅度提高。运行 20 多年来几乎对电站 287 个系统都进行了调整和改造，平均每年完成技改项目 130 多项。2010 年，秦山核电站将机组额定功率从 310 兆瓦提升到 320 兆瓦，每年可多发电超过 1.2 亿千瓦时，到设计寿命期末可多发电 14 亿千瓦时。

2014 年 11 月 5 日，秦山核电厂扩建项目（方家山核电工程）1 号机组成功并网发电，实现了我国核电从 30 万千瓦到 100 万千瓦自主发展的历史跨越。目前，秦山核电基地运行机组已达到 9 台，总装机容量达到 654.6 万千瓦，年发电量约 500 亿千瓦时，成为国内核电机组数量最多、堆型最丰富、装机容量最大的核电基地。2017 年，秦山一期 30 万机组，秦山二期 1 号、2 号、3 号机组 WANO 综合指数为 100 分，排名世界第一。

▲ 秦山核电站

秦山，不仅是我国大陆核电的发源地，同时也是我国推行核电"走出去"发展战略的发源地，实现了周恩来总理当年对核电站建设提出的"掌握技术，积累经验、锻炼队伍，培养人才，为后续核电发展打下基础"的夙愿。

从"零的突破"到"造船出海"

以秦山为"引擎"，田湾、福清、三门、海南等核电站相继发展，中国核电站可谓星罗棋布。中国核电潮犹如"蝴蝶效应"，在东南沿海强劲地显现出来。

"花"落江苏连云港的田湾核电站于 1999 年 10 月 20 日正式开工建设，一期工程建设 2 台单机容量为 106 万千瓦的俄罗斯 AES-91 型压水堆核电机组，采用了一系列重要先进设计和安全措施。目前，田湾核电站 1、2、3 号机组相继投入商业运行。4 号机组进展顺利。

2008 年 11 月 21 日，福清核电站 1 号机组开工建设。2008 年 12 月 26 日，方家山核电工程 1 号机组正式开工建设。2009 年 4 月 19 日，三门核电站一期工程全球首台三代核电

2004 年
我国首座国产化商用核电站秦山二期核电站建成投产

301

▲ 三门核电站

▲ 福清核电站

▲ 田湾核电站

AP1000机组开工建设。2010年4月25日和2010年11月21日，海南核电站一期工程1号机组和2号机组分别开工建设。2015年5月7日，"华龙一号"全球首堆在福建福清开工建设。2017年12月30日，霞浦示范快堆土建工程开工建设。在自主创新的道路上，在核能发展与和平利用的征程中，中国核电一路长歌，光荣绽放。

秦山裂变，不仅由一期引发了二期、三期的成功建设，实现了由原型堆到商业堆、由自主建设30万千瓦到自主建设60万千瓦、100万千瓦核电站的重大跨越，还将核电种子播到了国外。

早在秦山核电站首次成功并网发电仅仅15天后，中国就收到了国外的一个大订单——出口巴基斯坦30万千瓦核电机组。2000年6月，由中国核工业集团负责出口巴基斯坦的恰希玛核电站并网发电。恰希玛核电站被誉为"南南合作的典范，中巴友谊的丰碑"，使我国成为世界第8个具备成套出口核电机组能力的国家。目前，巴基斯坦恰希玛一期工程4台机组已全部建成发电。"华龙一号"海外首堆工程——卡拉奇核电项目2台机

▲ 巴基斯坦恰希玛核电站

组进展顺利。

今天,在推动中国核电"自主化"的同时,中国核电"走出去"正东风劲吹。

核电发展的水平,已成为当今一个国家科技创新水平的重要标志。只有掌握核心能力,才能真正"亮剑",赢得尊敬和未来。目前中国核电掌握了具有自主知识产权的三代百万千瓦级核电技术,为开拓国际核电市场创造了基本条件。

如果说,日本福岛核事故为核电发展敲响了警钟,那么成功保持世界领先的长期安全运行纪录的我国核电,如今更需要将核电的质量控制、全寿命周期核安全摆在重中之重的位置。同时进一步加强顶层设计,营造发展环境,构建起一整套更加安全合理、系统完备、科学规范、运行有效的制度和人才体系,夯实核电安全基础。

2015 年 5 月 7 日,我国自主研发的三代核电技术"华龙一号"首堆示范工程在福清核电站开工建设,标志着中国核工业在自主创新发展新阶段攀上了新的发展高峰。目前,"华龙一号"已成为国家自主创新、集成创新和机制创新的成果,已成为"一带一路"的新名片。"华龙一号"国内外 4 台示范工程进展有序,各关键工程节点均按期或提前实现,是全球唯一按照计划进度建设的三代压水堆核电工程。

当"华龙一号"拉开核电发展的大幕,中国核电将在清洁、高效、安全、可持续的能源发展海洋中,寻找一片更为开阔的水域,"走出去"战略将从"借船出海"迈向"造船出海"。

中国核电将一路长歌

中国核电,一路长歌。实现中国核电"零的突破"、被誉为"国之光荣"的秦山核电站,被誉为"核电国产化重大跨越"

▲ "华龙一号"效果图（中国核学会 提供）

的大型商用秦山二期核电站，实现核电工程管理与国际接轨的重水堆秦山三期核电站，我国第一座采用全数字化仪控系统的核电站——江苏田湾核电站，以及在建的全球首台三代核电AP1000——浙江三门核电站，还有福建福清核电站、浙江方家山核电站、海南昌江核电站……这一座座核电站，像一个个在东南沿海跳动的音符，与大海扬波，共吟着中国核工业克难奋进的颂歌，这一座座核电站，更像矗立在海湾的一座座巍峨的丰碑，镌刻着中国核电人的丰功伟绩，成为我国华东乃至更广大地区经济和社会发展的强劲助推器。

当今，中国的核电之舟获得了前所未有的广阔空间。让天更蓝，水至清，空气更清新，带着对未来的美好憧憬和向往，中国核电人肩负起新的历史使命，在安全、清洁、高效、可持续、创新的发展海洋中，打造生态核电建设新动能。中国核电这艘能源巨轮正劈波逐风、踏浪前行。

（图文／中国核工业集团）

2004 年
我国首座国产化商用核电站秦山二期核电站建成投产

2005 年

青藏铁路全线铺通

  2005 年 10 月 12 日，世界上海拔最高、线路最长的高原冻土铁路——青藏铁路终于全线铺通。全长 1956 千米的青藏铁路成为"世界屋脊的钢铁大道"，架起了"世界屋脊"通向世界的"金桥"。2006 年 7 月 1 日，青藏铁路格尔木至拉萨段，历时六年建设，正式通车运营。十几年来，青藏铁路科学的运输安全管理模式和现代化的技术设备运用更加成熟，成为世界高原铁路运营管理的典范。全体青藏铁路参建人员以建设世界一流高原铁路为目标，在被称为"生命禁区"的雪域高原上，战胜艰难险阻，攻克工程难题，完成了人类铁路建设史上的这一伟大壮举，书写了世界铁路建设史上的辉煌篇章。

铺就雪域天路

在 2001 年之前，西藏自治区是全国唯一不通铁路的省级行政区。修建青藏铁路，是我国各族人民的百年期盼，更是西藏各族人民群众的深切愿望。党中央、国务院高度重视进藏铁路建设，曾在不同时期做出安排，但进展比较曲折。

青藏铁路从西宁经格尔木至拉萨，全长 1956 千米。从 20 世纪 50 年代末开始修建西宁到格尔木段铁路，这段铁路长 814 千米，最高海拔 3700 多米，施工队伍进入高原，重点工作都已铺开，但却遇到了 20 世纪 60 年代初的三年困难时期，在物资非常缺乏的情况下，工程不得不停工。1974 年，青藏铁路西格段复工，施工队伍再上高原，于 1979 年把铁路铺到格尔木，1984 年交付正式运营。

此后，由于多年冻土技术和高原卫生保障等难题未能得到有效解决，青藏铁路停建。进入 20 世纪 90 年代后，国家再次

▼ 唐古拉以桥代路特大桥

把建设进藏铁路提上重要议事日程。我国铁路部门组织勘测设计部门进行大面积选线，深入细致地研究了青藏线、甘藏线、川藏线和滇藏线四个方案，从中选出有代表性的青藏线和滇藏线方案，进行现场考察，提出了向国务院首荐青藏铁路方案的建议，获得国家批准。2001年6月29日，青藏铁路开工典礼正式举行，这项宏大工程建设全面展开。

青藏铁路格尔木至拉萨段全长1142千米，其中，海拔4000米以上地段有960千米，多年冻土地段有550千米，铁路经过的最高点是海拔5072米的唐古拉站。在党中央、国务院的正确领导下，铁路部门精心组织，国家有关部门密切配合，青藏两省区党委、政府和沿线各族群众大力支持，全体建设者和科研人员团结奋斗，顽强拼搏，攻克了一系列工程技术难题，优质高效地建成了世界一流高原铁路。

经过10多年的发展，青藏铁路加深了西藏与青海、四川、云南、甘肃、陕西等省区的联系。西藏向东可融入"成渝经济圈"，向北可融入"陕甘宁青经济圈"，向西还可以通过公路铁路连接尼泊尔等周边国家。2014年，青藏铁路的延长线——拉萨至日喀则铁路的通车，进一步将铁路运输的优势向西藏的中西部地区推进。2016年5月，由兰州与日喀则合作发往尼泊尔加德满都的公铁联运国际班列正式开通，西藏与印度、尼泊尔等多个南亚国家接壤的区域优势和地缘优势已经初步显现，铁路相关设施的进一步发展更使西藏成为辐射我国西部、中部地区，通往印度洋、南亚的物流集散地。

攻克"三大难题"

青藏铁路是世界高原最具挑战性、最富探索性的工程项目，工程建设主要面临"三大难题"的严峻挑战。广大建设者和工程技术人员依靠科学技术，展开多年冻土、高寒缺氧、生态脆弱等一系列世界级工程技术难题的联合攻关，实现了青藏铁路建设的自主创新。

冻土攻关成果显著 多年冻土是青藏铁路建设必须解决的头号工程技术难题。铁路部门借鉴国内外铁路、公路以及其他行业的一些建设经验、教训，吸收了最新研究成果，组织中国科学院、铁道第一勘测设计院、中铁西北研究院以及其他单位，联合开展多年冻土难题攻关，走出了一条有效解决多年冻土冻胀、融沉问题的新路子。一是制定勘察、设计和施工暂行规定，填补了我国没有冻土区铁路建设规范的空白。二是开展现场冻土工程试验研究。在全线冻土工程展开施工之前，现场选定5个不同类型的冻土工程作为试验段，进行工程措施观察试验，及时用获得的阶段性科研试验成果指导全线的设计和施工。三是创新设计思想，突破传统理念，确立了"主动降温、冷却地基、保护冻土"的设计思想，利用天然冷能保护多年冻土，这是设计思想上的一大革命。四是总结出一整套确保地下冻土不融化的工程措施，如片石气冷路基措施、碎石（片石）护坡或护道措施、通风管路基措施、热棒路基措施、路基铺设保温材料和对极不稳定的多年冻土地段采取桥梁通过等。针对不同特点的冻土地段综合采用工程措施，取得了良好效果。经过连续几年的冻融循环观测，多年冻土上限普遍抬升，路基下界地温降低，路基工后变形大都在2厘米以内，小于设计规范允许值，已建成的路基、桥涵和隧道工程结构坚固稳定。冻土地段线路平顺，一开通列车运行就达到100千米/时的设计速度。中外多年冻土专家现场考察后认为，青藏铁路建设采取的冻土工程措施可靠，在解决冻土问题方面体现了世界先进水平，反映了最新科研成果，走在了多年冻土工程领域前列，为发展多年冻土工程技术作出了重要贡献。

▲ 在青藏风雪中，职工坚持精检细修

卫生保障成效突出　青藏铁路沿线属于高寒缺氧地区，最低气温低于 –40℃，而且严重缺氧，有些地段属于"生命禁区"。为保证建设队伍能够上得去、站得稳、干得好，铁路部门坚持以人为本，把关爱建设者的健康摆在十分重要的位置：制定了青藏铁路卫生保障若干规定和卫生保障措施；建立三级医疗保障体系；形成健全的管理机制，从源头上确保健康人员进入高原；研制了高原制氧机，成为参建人员必备的劳保用品。从 2001 年 6 月 29 日开工建设到 2006 年 7 月 1 日通车运营，青藏铁路每年都有 2 万～3 万人的建设队伍在 4000～5000 米高海拔地方施工，累计接诊患者 53 万余人次，有效救治脑水肿479 例、肺水肿 931 例，没有发生一例高原病死亡。中外高原医学专家现场考察后认为，青藏铁路建设的卫生保障工作，体现了中国政府以人为本的思想，对珍惜人的生命采取了非常有效的措施，对世界高原医学作出了重要贡献。

环境保护成绩优异　青藏铁路沿线海拔高、温差大，动植物的生态环境非常脆弱。青藏铁路建设认真贯彻落实保护环境的基本国策，有效实现可持续发展，依靠科技环保、法规环保和全员环保，实现了建设具有高原特色的生态环保型铁路的目标。一是贯彻落实环保法规。组织专家现场调查，依法按程序进行环境影响评价，编制了环境影响报告书（含水土保持方案），经批准后作为指导设计、施工和环境管理的依据。二是依靠科技，攻克植被保护等环保难题。在海拔 4300 米、4500 米、4700 米的高寒草原、高寒草甸地段，进行植草、植被恢复、植被再造和草皮移植试验，都获得了成功，并总结推广，开创了世界高原、高寒地区人工植草试验成功的先例。安多以南至拉萨间形成了 300 多千米"绿色长廊"。三是切实保护野生动物。组织专家深入调查研究野生动物习性，了解掌握野生动物迁徙规律，根据不同野生动物习性，在远离站场的路段设置了 3 种形式的野生动物通道共 33 处，这在我国重大工程建设项目中尚属首例。青藏铁路沿线野生动物迁徙监测数据显示，野生动物通道的使用率已经从 2004 年的 56.6％逐步上升到了 2011 年以后的 100％，区域内野生动物活动自如，呈现出一幅人与自然和谐相处的美好画卷。2008 年，青藏铁路环保工作获得了"国家环境友好工程奖"。四是采取保护江河源水质措施。施工单位在错那湖顺湖路段，用 13 万条沙石袋垒成 20 多千米护堤，有效防止了湖水污染。拉萨河特大桥施工使用旋挖钻机干法成孔，避免泥浆污染拉萨河水。尽量少用地，缩小开采石料范围，完工后及时平整，恢复地表原貌。五是开展全员环保工作。每个职工都有环保手册，对不准猎取野生动物，爱护植物、草皮、景观等都有一套严格规定，形成了人人保护生态环境的自觉行动，使各项环保措施在基层都得到了落实。经青藏两省区环保部门监测表明，青藏铁路建设对河流水质无明显影响，冻土环境未出现明显改变，沿线野生动物迁徙条件和铁路两侧自然景观未受破坏，沼泽湿地环境得到了有效保护。全国人大环资委和国家环保总局等部委现场检查后认为，青藏铁路建设是落实科学发展观的具体体现，是构建人与自然和谐的重要范例，是依法保护环境的先进典型。青藏铁路建设环境保护在国家重点工程建设项目中处于领先水平，具有示范意义。

青藏铁路建设还在攻克高原混凝土耐久性、防风沙、防雷电、防地震等工程难题，自主创新成套高原铺架技术等方面，取得了可喜成果。

运用高新技术构建安全之路

先进的技术设备成为青藏铁路运输安全的有力保障。青藏铁路公司中国铁路青藏集团有限公司管内干线全部使用分散自律式 CTC 调度集中系统，支线采用了 TDCS 列车调度指挥系

▼ 青藏列车在藏北草原运行

统，实现了运输调度指挥和管理的远程化、信息化、智能化。

青藏铁路格拉段装设了视频监控系统，重点风区还装有俗称"顺风耳"的大风监测预警系统，在重点地段设置了 52 处大风监测点，玉珠峰至当雄间的 32 个车站安装有 184 套道岔融雪设备，保证降雪时段车站道岔能顺利转动，该系统也是首次在国内铁路线上正式使用。

青藏铁路还建立了行车、安全综合信息视频监控系统，包括供电远动控制装置，可集中处理各种运营管理信息，使行车设备状态一目了然，尽在掌握。基于这些先进技术装备，格拉段的 45 个车站中有 38 个实现了无人值守，最大限度地减少了作业人员。

青藏铁路冻土区段长达 550 多千米，青藏集团铁路公司结合多年冻土特点，制定了一系列科学管理制度，在重点区域建立了 76 个路基长期监测系统断面；委托科研单位建立了多年冻土长期监测系统，加强冻土区段日常检查和养护；采取片石保温隔热、辅助热棒降低地温等措施，确保多年冻土路基始终在可控状态，冻土区段列车时速可达 100 千米 / 时。

十几年来，青藏铁路集团公司的"青藏铁路运营环境监测研究"获"十一五"国家科技计划执行优秀团队奖，16 项科研成果获得中国铁道学会科学技术奖。科研成果广泛应用于安全生产、工程建设、运输服务和信息化建设等领域，有效发挥了科技创新保安全的作用。

攻克高原冻土、生态脆弱、高寒缺氧三大世界铁路建设难题的青藏铁路，十几年间一直安全运行。片石保温、热棒恒温、以桥代路等高原铁路建设技术，经受住了时间的考验，展示出中国"智"造的精益品质。同时，在科技创新的引领下，青藏集团公司加强运营管理，不断更新设备技术，总结管理经验，通过高原铁路将"中国智慧"载入世界铁路发展史册。

天路带来福音

　　这条被誉为"雪域天路"的铁路，不仅给我国高原冻土领域的研究带来重大成果，更重要的是推动了青藏高原地区经济社会的发展，促进了藏族文化的繁荣发展和对外交流，加强了各民族之间的融合。青藏铁路打破了制约青藏高原发展的交通"瓶颈"，成为区域经济社会发展的强大引擎，拉动了青藏两省区经济跨越式增长，给西藏实施的"特色经济发展战略""全面开放带动战略""可持续发展战略"和青海大力实施的"一轴一带四区"发展战略带来了强大动力支撑。青藏铁路廉价、快速、安全、舒适、便捷的运输条件，提高了出青、出藏商品的价格竞争力，促进了绿色农牧业、特色藏药业、民族手工业等特色产业的发展，特色产品不断进入全国和世界市场，走进千家万户。如今，每天有近 30 趟高原列车奔驰在青藏铁路上，进出藏旅客日均达到 0.91 万人次。每天来自全国各地的食品、建材、

▲ 首趟棉农专列开行

成品油等大宗货物源源不断地运入西藏，近千吨西藏特色产品"坐上"火车运出高原。可见这条被各族人民称为"青藏高原经济线""团结线""幸福线"的铁路，在西部地区的长远发展中发挥了不可替代的作用。

青藏高原各民族创造了绚丽多彩的文化，尤其是藏族文化历史悠久，风格独特。青藏铁路开通运营以来，运送大量国内外游客进藏，方便藏族群众外出，进一步拓展了文化交流渠道，扩大了藏文化的认知范围，促进了西藏传统文化与现代文明的和谐发展。青藏铁路沿线车站建筑充分体现了藏民族的文化特色，各种标识、说明用汉、藏、英三种文字注释。进藏列车大量采用体现藏文化传统的祥云、荷花和黄、红、白等图形、色彩元素，让旅客在站上、车上就能更多地了解藏文化。列车广播和电视也增加了西藏文化艺术、宗教历史、风土人情的介绍内容，使旅客能够更全面、深刻地了解藏族传统文化，感受雪

▲ 青藏列车上富有浓郁地方特色的文艺表演

域高原的独特魅力。

　　青藏铁路运行以来，无论从科研、经济，还是民族文化交流等方面都显示了巨大而广泛的良好作用。2016年全国两会上，国家"十三五"规划纲要更是将川藏铁路列为"十三五"规划重点项目，这意味着川藏铁路建设被正式提上日程。川藏铁路建成后，成都至拉萨的运行时间将从目前的48小时缩短至13小时左右。预计"十三五"期间，青藏两省区铁路将形成"东接成昆、南连西藏、西达新疆、北上敦煌"的枢纽型路网结构。

　　岁月，像一支如椽巨笔在雪域高原写下令人惊艳的沧桑巨变。青藏铁路已经成为青藏高原与祖国各地交流沟通的纽带。在未来的路上，用雪域天路做锦绢，以民族团结为笔墨，西藏与祖国母亲共同绘制和谐发展的壮丽画卷正在徐徐展开。

　　（文／铁总轩　图／中国铁路青藏集团有限公司）

2005年 青藏铁路全线铺通

THOMSON DIAGNOSTIC

⚠ DANGER

中国科学院等离子体物理研究所

EAST偏振干涉仪诊断
POINT (POlarimeter-INTerferometer diagnostics)

2006 年

世界首个全超导托卡马克核聚变实验装置建成

2006 年 9 月 28 日，由中国科学院等离子体物理研究所牵头，我国自主设计、自主建造而成的世界上第一个全超导非圆截面托卡马克核聚变实验装置（EAST，通称"人造太阳"）首次成功完成放电实验，获得电流 200 千安、时间接近 3 秒的高温等离子体放电。这一事件标志着世界上新一代超导托卡马克核聚变实验装置在中国首先建成并正式投入运行，是世界聚变能开发的杰出成就和重要里程碑。

探秘托卡马克

几十亿年来，太阳通过核聚变，不断地向外辐射着能量。如何模仿这一原理，建造一个源源不断提供清洁能源的"人造太阳"？托卡马克核聚变堆，就被形象地称为"人造太阳"。2015 年，中国新一代"人造太阳"实验装置东方超环（EAST）辅助加热系统，在合肥科学岛顺利通过国家重大科技基础设施验收。这标志着东方超环完成重大升级改造，已具备了挑战国际磁约束聚变最前沿研究课题的能力。

说起核聚变，了解的人可能不多。实际上，我们天天见证着核聚变，太阳就是一个巨大的核聚变反应装置。在太阳的中心，在高温、高压条件下，氢原子核聚变成氦原子核，并放出大量能量。几十亿年来，太阳通过核聚变，不断地向外辐射着能量，照耀着大地。

核能是人类历史上的一项伟大发现，主要通过裂变、聚变、衰变三种方式释放能量。其中，原子弹、核电站均采用的是核裂变技术，核聚变能就是模仿太阳的原理，使两个较轻的原子核结合成一个较重的原子核，并释放巨大能量。1952 年，世界上第一颗氢弹爆炸之后，人类制造核聚变反应成为现实，虽然那只是不可控的瞬间爆炸，但点燃了人类安全利用这一巨大能量的梦想。从那时开始，全世界的科学家就一直在寻找途径，力求实现可以控制的核聚变能。全超导托卡马克实验装置，就是人类为实现这一梦想而建造的实验平台。

核聚变能为何有如此巨大的魅力？这是由于其具有无可比拟的优点。当前，全球依赖的主要能源是煤、石油、天然气等化石能源，这些传统能源不仅会造成污染，而且终有被耗尽的一天。核聚变的燃料氘在海水中大量存在，每升海水中含 30 毫克氘，完全聚变所释放的能量，相当于燃烧 340 升汽油。地球上仅海水中就含有 45 万亿吨氘，足够人类使用上百亿年，比太阳的寿命还要长。聚变需要的另一种燃料是锂，地球上锂的储量充足，可谓取之不尽、用之不竭。

"东方超环" 点燃希望之光

托卡马克（Tokamak）是一环形装置，外面缠绕着线圈，通电时内部会产生强大的螺旋型磁场，来约束聚变燃料构成的高温等离子体，创造聚变反应条件，并实现人类对聚变反应的控制。它的名字 Tokamak 来源于环形（toroidal）、真空室（kamera）、磁（magnet）、线圈（kotushka）。这一装置，最早由苏联库尔恰托夫研究所的阿齐莫维齐等人于 20 世纪 50 年代发明。近年来，中国科学院等离子体研究所先后建造了中小型托卡马克 HT-6B 和 HT-6M，以及超导托卡马克合肥超环（HT-7）和全超导托卡马克东方超环（EAST）。

值得一提的是，"东方超环"是世界上第一个建成并正式投入运行的全超导托卡马克实验装置。EAST 集全超导和非圆截面两大特点于一身，具有主动冷却结构，能产生稳态的、具有先进运行模式的等离子体，此前世界上尚无成功建

▲ 超导线圈

造的先例。其建成运行，标志着我国磁约束核聚变研究水平进入国际先进行列。

作为国家大科学工程项目，EAST 于 1998 年立项，建设历时 8 年，2006 年 9 月 28 日在合肥首次放电成功。EAST 的成功运行受到国内外专家的高度评价，他们称赞"EAST 是世界聚变工程的非凡业绩，是世界聚变能开发的杰出成就和重要里程碑"。

"人造太阳"产生核聚变能，温度和持续时间是关键。根据设计，EAST 产生等离子体最长时间可达 1000 秒，温度将超过令人难以想象的 5000 万℃。2012 年，EAST 获得 411 秒 2000 万℃等离子体，并获得稳定重复超过 30 秒的高约束等离子体放电，创造了 2 项托卡马克运行世界纪录。2016 年，EAST 实现

▲ 全超导托卡马克 EAST 装置主机

电子温度超过 5000 万℃持续时间 102 秒的超高温长脉冲等离子体放电。

　　EAST 是未来十年国际上有能力在高参数条件下开展长脉冲聚变等离子体物理和工程技术研究的实验平台之一，同时也

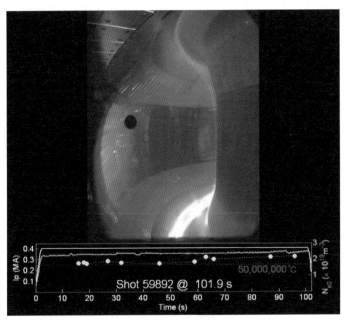

▲ 5000 万℃ 102 秒等离子体放电

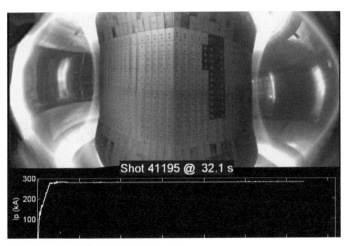

▲ 32 秒 H 模放电

▲ "全超导非圆截面托卡马克核聚变
实验装置（EAST）的研制"项
目获 2008 年国家科学技术进步
奖一等奖

▲ 中国科学院合肥物质科学研究院
超导托卡马克创新团队获 2013
年国家科学技术进步奖

是面向国内外开放的核聚变实验平台和研究中心。依托 EAST，
等离子体所与国际上主要的聚变研究机构以及国内相关高校及
科研院所都有密切的合作关系。"全超导非圆截面托卡马克核聚
变实验装置（EAST）的研制"荣获 2008 年国家科学技术进步
奖一等奖。等离子体所超导托卡马克创新团队荣获 2013 年国家
科学技术进步奖框架下的创新团队奖。

规划建设我国未来聚变工程实验堆

以实现聚变能源为目标的中国聚变工程实验堆（CFETR）
设计与建设是我国聚变能研发必不可少的一环，我国科学家在
国际热核聚变实验堆（ITER）计划建设的同时已经开始规划建
设 CFETR。等离子体所立足开展"以我为主"的国际合作，联

合国内相关单位在科技部支持下已经完成 CFETR 总体设计方案，并通过国际专家组评估，认为我国具备了建设世界首个聚变电站的能力。同时，等离子体所已经开展 CFETR 预研。

CFETR 项目的建设将是未来一个创新型产业和高新技术的聚集。项目建设中将会带动系列相关高新技术产业的蓬勃发展，衍生出一批可应用于国民经济发展的产业链。自主发展出的关键聚变工程技术将促进超导、低温、电源、材料等方面的技术应用于航天、国防、军工、医疗等行业。

来自于国家的大力支持和中国科学家的努力，促使中国核聚变实力不断提升，从 30 年前的模仿跟随到 10 年前的并跑，到如今的超越领先，在国际上不断发出中国聚变的声音。基础和优势已经推动我国在高温等离子体物理实验及核聚变工程技术研究领域处于国际领先水平。CFETR 的建设将促使我国引领未来世界聚变能研究，早日实现聚变能发电，率先为人类科技发展贡献更多中国智慧。

（图文／中国科学院等离子体物理研究所）

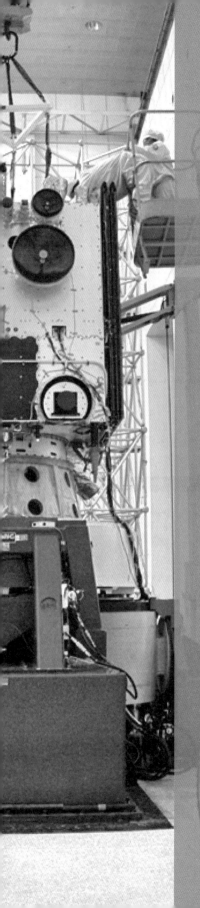

2007 年

我国首次月球探测
工程取得圆满成功

2007 年 10 月 24 日，"长征三号"甲运载火箭在西昌卫星发射中心成功发射了我国首颗月球探测卫星——"嫦娥一号"卫星。11 月 26 日，"嫦娥一号"卫星成功传回第一张月面图片，首次月球探测工程取得圆满成功。首次月球探测工程的成功，成为继发射人造地球卫星、载人航天飞行取得成功之后，我国航天事业发展的第三座里程碑。"嫦娥"奔月 10 年来，我国在探月工程取得巨大成就的基础上，继续向深空探测领域进军，力争在 2020 年实施首次火星探测任务，并不断向更远的深空迈进。

"嫦娥一号" 迈向月球的第一步

探月工程，是我国航天事业发展继人造地球卫星和载人航天之后的第三个里程碑。根据《国家中长期科学和技术发展规划纲要（2006—2020年）》，探月工程（嫦娥工程）作为国家重大科技专项的标志性工程，规划了"绕、落、回"三步走目标，分为探月工程一期、二期和三期实施。

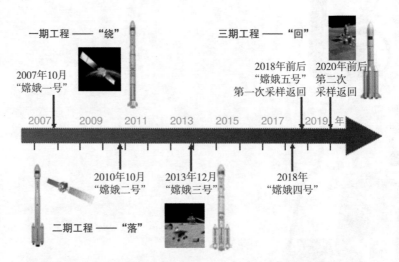

一期工程 —— "绕"

2007年10月 "嫦娥一号"

三期工程 —— "回"

2018年前后 "嫦娥五号" 第一次采样返回

2020年前后 第二次 采样返回

2007　2009　2011　2013　2015　2017　2019 年

2010年10月 "嫦娥二号"

2013年12月 "嫦娥三号"

2018年 "嫦娥四号"

二期工程 —— "落"

▲ 探月工程总体规划（2020年前）

2004年1月，国家批准探月工程一期——绕月探测工程正式实施，目标是实现环绕月球探测，先后安排了"嫦娥一号"及备份星两次任务。

从2004年开始，绕月探测工程在不到四年的时间里，迈出了四大步。从开局、攻坚、决战到决胜，工程各系统全力以赴、密切合作，圆满完成了卫星发射任务，"嫦娥一号"卫星成功进入环月工作轨道。2007年11月26日，"嫦娥一号"卫星传回第

▲ 2007年10月24日"嫦娥一号"成功发射

一幅月球图片数据，标志着探月工程一期任务圆满完成。"嫦娥一号"卫星在轨有效探测16个月，于2009年3月1日受控撞月，为工程画上圆满的句号。探月工程一期首次实现我国自主研制的卫星进入月球轨道，并获取了120米分辨率的全月影像图以及铀元素含量分布图等。

在绕月探测工程实施的几年里，工程各系统充分发扬"两弹一星"精神和载人航天精神，精心组织，刻苦攻关，

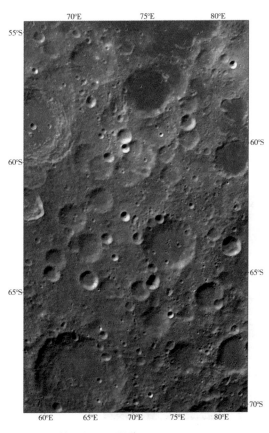

▲ 我国第一幅月面图像

圆满完成了工程任务。在工程实施过程中，绕月探测工程队伍里形成了极富特色的探月文化。这些理念、作风和要求，既有中国航天文化的典型特征，又有月球探测工程的鲜明特色，既明确了绕月探测工程必须坚持的指导方针，又体现了绕月探测工程队伍的思想品质和精神风貌，反映出绕月探测工程队伍过硬的工作方法和素质。

探月工程的发展

2008年2月，国家批准探月工程二期立项。主要目标是实现在月面软着陆，开展月面就位探测与自动巡视勘察，安排了"嫦娥三号""嫦娥四号"（备份）两次任务。鉴于二期工程关键技术多、技术跨度大、实施难度高，将"嫦娥一号"备份星命名为"嫦娥二号"，纳入二期工程，作为先导任务。

2010年10月1日，"嫦娥二号"成功发射，在轨探测6个月后，飞赴日地拉格朗日L2点进行环绕探测，之后对图塔蒂斯小行星进行飞掠探测，目前成为我国首颗绕太阳飞行的人造小行星，创造了中国航天器的最远飞行纪录。

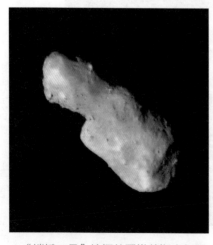

▲ "嫦娥二号"拍摄的图塔蒂斯小行星

2013年12月2日，"嫦娥三号"成功发射，12月14日探测器安全着陆，"嫦娥三号"实现了我国首次、世界第三次地外天体软着陆。12月15日，习近平总书记、李克强总理亲临现场，观看着陆器与巡视器成功实现互拍，标志着"嫦娥三号"任务取得圆满成功。目前，"嫦娥三号"着陆器已在月面开展探测超过4年，创造了新的世界纪录。

2011年1月，国家批准探月工程三

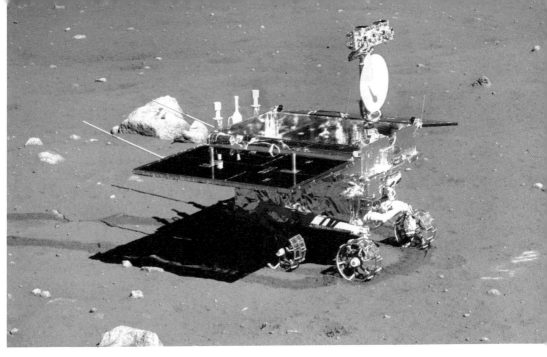

▲ "嫦娥三号"的"玉兔"月球车

期立项，标志着探月工程"绕、落、回"三步走最后一步正式
启动，目标是实现月面采样返回，安排了"嫦娥五号""嫦娥六
号"（备份）两次任务。为降低工程风险，在正式任务前实施了
再入返回飞行试验。再入返回飞行试验任务于 2014 年 10 月获
得圆满成功，验证了以近第二宇宙速度半弹道跳跃式再入返回等
一系列关键技术，为"嫦娥五号"任务奠定了技术基础。

▲ 再入返回飞行试验任务

▲ "嫦娥五号"探测器

探月工程三期的"嫦娥五号"作为中国航天史上迄今难度最大、最复杂的工程，计划于2020年前首次采用无人月球轨道交会对接方式实现月面自主采样返回。

在"嫦娥三号"任务圆满完成落月探测任务后，为了充分利用好"嫦娥四号"已有产品，工程两总决定赋予其崭新的任务目标和使命。航天领域众多权威专家经过一年多的深入论证，提出了实现人类首次在月球背面软着陆的任务目标，2016年年初国家批准工程立项。"嫦娥四号"任务包括两次发射任务：2018年5月，成功完成中继星发射任务，主要承担月球背面探测器与地球之间的测控通信和数据中继任务；按计划2018年12月发射着陆器和巡视器组合体，开展国际首次月球背面就位和巡视探测。

从探月到深空探测

实施月球与深空探测工程，是党中央、国务院着眼于我国社会主义现代化建设全局，把握世界科技发展大势，推动我国航天事业发展，促进科技进步，建设创新型国家，提高综合国力，推动人类文明进程，做出的一项重大战略决策。

▼ 首次火星探测任务工程示意图

月球与深空探测是通过开发航天技术，对月球及以远的外太空进行科学探索和空间应用。在世界航天活动蓬勃发展却又起起落落的大背景下，我国探月工程以十年四捷、一步一跨越的瞩目成就，走出了一条中国特色的创新发展之路。

在实施探月工程的同时，我国开展了深空探测论证。

国防科工局于 2010 年开始组织深空探测工程论证，于 2011 年年底形成了《我国 2030 年前深空探测工程总体实施方案》。2016 年，深空探测列入《中华人民共和国国民经济和社会发展第十三个五年规划纲要》重大科技项目。2016 年 1 月，习近平总书记批准首次火星探测任务工程立项，开启了新时代我国深空探测新的征程。工程目标是通过一次发射任务，实现火星环绕探测、着陆、巡视探测。该任务是我国月球以远深空探测的首次任务。工程按计划将于 2020 年择机发射。2021 年 6 月，在中国共产党成立 100 周年之际，着陆火星并开展巡视探测。

创新驱动　利国利民

带动科学技术发展进步　工程的成功实施，突破了月球环绕、软着陆、巡视勘察、高速再入返回、深空测控通信与遥操作、运载火箭多窗口窄宽度发射等多项月球与深空探测领域关键技术，整体达到国际无人月球软着陆和巡视探测先进水平，其中全自主避障着陆、月夜生存等技术处于国际领先水平。

工程获取了大量原始科学数据，为月球及天文研究提供了宝贵的第一手基础信息。通过对这些科学数据的长期研究和不断深化应用，取得了一批原创性科学发现，在国际上产生了重要影响，并带动了科学界对日地月乃至更远空间的科学认知，推动了空间科学的发展和新兴学科的建立。

工程的成功实施，实现了我国航天器研制、特种大型试验

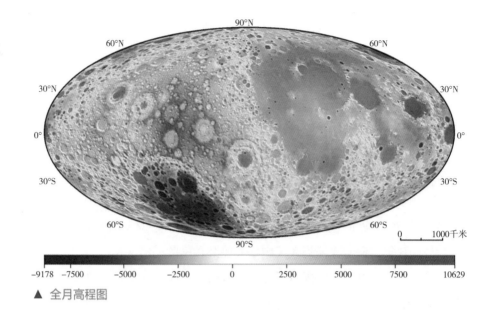

▲ 全月高程图

验证、深空测控通信能力的全面提升，带动了信息、微机电、动力、新材料、新能源等一批新技术进步，加速了产业化进程，引领了空间技术的创新发展。

促进国民经济和社会发展　工程突破了多项关键技术，形成了一批先进试验方法和特种试验设施，已在月球和深空探测后续任务和其他航天工程中得到广泛应用，并可推广到其他相关领域，如建设了国际先进的深空测控网，可广泛应用于航天器的行星际测控通信。低温制冷接收机继续应用于月球与深空探测，并通过技术创新衍生了斯特林换能器和低温冰箱等新产品。工程取得的部分成果转化为直接经济效益，如"嫦娥三号"着陆缓冲技术转化应用于桥梁撞击防护、公路拦石网、重大灾害空投救援等领域。工程取得的显著品牌效应，吸引了社会上许多企业关注、参与并支持工程。工程全系统形成了 220 余项专利、37 件软件著作权、15 项标准、9 本论著、1000 余篇论文，成果丰硕，经济效益和社会效益十分显著。

提供宝贵的管理经验借鉴　工程形成了一套巨系统的项目管理方法，建立了完善高效的组织体系、产品保证体系、质量管理体系、技术管理体系和卓有成效的重大工程独立评估机制、科学与工程紧密对接的工作机制等，取得了指标不降、进度不拖、经费不超的良好效果，为月球与深空探测后续任务和其他航天工程的发展奠定了坚实基础，也为国家其他重大科技工程的实施提供了宝贵借鉴。

凝聚培养杰出的人才队伍　通过工程的实施，凝聚和培养了一大批优秀的工程技术、科学研究和工程管理青年人才，形成了专业齐备、经验丰富、结构合理的创新型人才队伍。许多已成长为其他航天工程和型号的两总和中坚力量、国际航天和空间科学研究领域的杰出人才，为月球与深空探测工程和其他航天工程的发展奠定了坚实基础。

提升综合国力和国际影响力　工程的成功实施，树立了我国航天事业发展又一座新的里程碑，为我国从"航天大国"向"航天强国"迈进踏出了坚实的一步，进一步展示和提高了我国的经济实力、科技实力和民族凝聚力，是中华民族为人类探索利用太空作出的又一卓越贡献。同时，在国际上，我国扩大了影响力和话语权，获得了国际社会的高度评价，吸引了欧盟和俄罗斯等国积极参与，形成了由"跟跑、并跑"向"领跑"的态势。月球探测成为我国最具潜在领导力的航天领域，正在走向国际月球与深空探测的舞台中央。

进入 21 世纪以来，世界各航天大国在月球及深空探测领域竞争日趋激烈，各航天大国纷纷抢占航天发展制高点。未来的深空探测事业任重而道远。我们要抓住机遇、创新发展；打破惯性思维，探索民营资本进入的机制，扩大社会参与度；加强国际政策、布局等战略研究，以构建人类命运共同体的理念为指导，推动国际大科学计划和大科学工程，为人类的月球与深空探测事业贡献中国智慧和中国方案。

（图文／国家国防科技工业局探月与航天工程中心　邓薇）

2008 年

下一代互联网研究与
产业化取得重大突破

2008 年年底，我国组织实施下一代互联网示范工程（CNGI）试商用项目。此项目得到 8 个部委的联合支持，由全国电信运营商和教育科研网、100 多所高校和研究单位、几十个设备制造商承担，涉及上万人参与，产学研用合作，建成了大规模下一代互联网示范网络，对我国下一代互联网技术和产业的发展具有深刻影响。

互联网发展掠影

互联网是人类最伟大的发明之一。从 1969 年人类发出第一封电子邮件开始，互联网经历了 20 余年的技术发展和应用探索，在 20 世纪 90 年代中期，其商业价值开始显现，标志性事件如 1994 年提出"注意力经济"的概念并出现第一个网络广告；1995 年电子商务网站易贝和亚马逊上线。自此，互联网开始渗透到人类社会的方方面面并产生了深远影响。

我国在 1994 年 10 月 20 日第一次联通互联网，向世界发出了第一封电子邮件：Across the Great Wall, We Can Rreach Every Corner in the World（越过长城，走向世界），由此揭开了中国人使用互联网的序幕。

2008 年，我国网民数量首次超过美国跃居世界第一。2011 年手机网民数量首次超越计算机网民，进入移动互联网时代。2015 年，网民总量达 6.68 亿人，约一半的中国人在使用互联网。中国互联网络信息中心（CNNIC）发布的第 42 次《中国互联网络发展状况统计报告》显示，截至 2018 年 6 月 30 日，我国网民规模已达到 8.02 亿人，互联网普及率 57.7%；手机网民规模 7.88 亿人，网民中使用手机上网的占 98.3%；使用网络购物的用户和使用网上支付的用户占总体网民的比例均为 71%；74.1% 的网民使用短视频应用；分别有 30.6%、43.2% 和 37.3% 的网民使用过共享单车、预约出租车和预约专车 / 快车。

由此可见，互联网已经成为我国经济发展的新动力，我们只有抓住机遇，用互联网思维不断创新，才能最终实现跨越式发展。

中国下一代互联网示范工程

为了彻底改变我国第一代互联网落后于人的状况，抓住下一代互联网发展的机遇，取得发展的先机，我国在20世纪90年代末开始了下一代互联网的研究。2003年，由国家发展和改革委员会主导，中国工程院、科技部、教育部、中国科学院等八部委联合启动了"中国下一代互联网示范工程"（CNGI）。

下一代互联网使用的是互联网通信协议第6版（Internet Protocol version 6，IPv6）地址协议，采用128位编码方式。这就使得互联网地址资源非常充足，任何一个电器都可能成为网络终端。下一代互联网具有高带宽，可扩展性好，更加安全和可信，更加实时和高性能，更具有移动性和泛在性，更加可控、可管和商业模式更加合理等特点。IPv6是用于数据包交换互联网络的网络层协议，是互联网工程任务小组（Internet Engineering Task Force，IETF）设计的用来替代互联网通信协议第4版的互联网协议版本。

1998年，中国教育和科研计算机网（CERNET）的研究者在我国第一次搭建了IPv6试验床。2001年，在国家自然科学基金委员会的支持下，我国第一个下一代互联网地区试验网NFCNET在北京建成并通过验收。同年，57名院士上书国务院，提出应利用好下一代互联网发展的难得机遇，尽快推出我国的下一代互联网项目，加快研究与建设，占领下一代互联网的制高点。

2003年，国务院批复了《关于推动我国下一代互联网有关工作的请示》，随后国家发改委正式批准中国下一代互联网示范工程，项目开始实施，项目专家委员会由中国工程院牵头。我国下一代互联网由此正式进入了大规模研究及建设阶段。

此项目得到 8 个部委的联合支持，由 5 大全国电信运营商和教育科研网、100 多所高校和研究单位、几十个设备制造商承担，涉及上万人参与，产学研用合作，在中国通信网络科技工程建设史上是第一次，对我国下一代互联网技术和产业的发展具有深刻影响。

此项目取得了丰硕的成果。截至目前，CNGI 核心网已经完成建设任务，该核心网由 6 个主干网、2 个国际交换中心及相应的传输链路组成，6 个主干网由在北京和上海的国际交换中心实现互联。目前，第二代中国教育和科研计算机网（CERNET2）、中国电信、中国网通 / 中国科学院、中国移动、中国联通和中国铁通 6 个主干网含国际交换中心已全部完成验收。CNGI 核心网实际建成包括 22 个城市、59 个节点以及 2 个国际交换中心（北京和上海）的网络。

CNGI 项目启动之初就把产业发展摆在第一位，并取得了丰

▲ "第三届全球 IPv6 高峰论坛 2004 精英论坛"现场

硕成果，从关键设备 IPv6 核心路由器到相关软件及应用，初步形成了仅次于美国的下一代互联网产业群，彻底改变了第一代互联网时期受制于人的被动局面，并为未来我国信息化产业乃至整个经济社会转型奠定了重要基础。

2004 年 3 月 19 日，我国第一个下一代互联网主干网——CERNET2 试验网正式开通。作为当时世界上规模最大的采用纯 IPv6 技术的下一代互联网主干网，CERNET2 的开通标志着我国下一代互联网建设全面启动，我国信息化建设由此进入一个崭新阶段。

下一代互联网进驻 2008 年北京奥运会

2008 年，IPv6 在北京奥运会登场，在奥林匹克公园多个运营系统中得以大规模部署。第 29 届奥林匹克运动会官方网站的 IPv6 网站（ipv6.beijing2008.cn）的开通，是奥运会有史以来首次利用 IPv6 搭建官方网站，这也开启了下一代互联网进驻奥

▲ 天地互连 IPv6 视频监控和传感器网络成功应用于 2008 年奥运会，研发单位获得"科技奥运先进集体"表彰

运会的序幕。

该网站由北京奥组委联合中国教育和科研计算机网以及搜狐网建设，全球 IPv6 用户可直接通过中国下一代互联网 CNGI-CERNET2 访问北京奥运会官方网站，同时也为中国下一代互联网用户开辟了一条网络快速通道。

这是奥运会与国际最先进互联网技术的第一次较大范围的实际应用，为国内外 IPv6 用户提供了快捷、安全的奥运互联网服务，具有标志性意义。此外，这项技术还可有效分流官方网站的国际流量，减轻官方网站服务器的压力。

在奥运会 58 个场馆中全面部署了基于 IPv6 的大规模远程视频管理系统。北京奥运会所采用的 IPv6 视频摄像头可在接入网络系统时自动配置 IPv6 地址，并配置其他参数。这些摄像头通过中央软件程序控制，实现互联互通和自动配置。这类摄像头通过标准的以太网线或无线接入网络，比使用传统的同轴电缆连接的闭合电路摄像头更加简单。

200 个 IPv6 控制节点负责控制奥林匹克公园主要场馆周围

▲ 2008 年 5 月，北京 2008 奥运会 IPv6 官方网站开通

已安装的大约 1.8 万个路灯和节温器。IPv6 系统在控制灯光方面可达到节能减排的作用。承担北京交通主力的约 1.5 万辆出租汽车也安装了 IPv6 传感器。这些传感器利用无线应用程序将出租汽车位置和道路交通状况数据传输到中央控制中心，中央控制中心则会依据接收到的数据判断交通拥堵情况，采取更改行车路线等方法解决交通问题。

下一代互联网进驻 2008 年北京奥运会是全球首次将 IPv6 技术应用于奥运会，在全球范围内被视为具有里程碑意义的事件。

IPv6 根服务器全球运营

当基于 IPv6 的网络逐渐部署完成，新的大网络大连接时代将应运而生。人与人、人与物、物与物将建立起更加紧密有机的结合，为互联网行业带来更多想象空间。

根服务器负责互联网最顶级的域名解析，被称为互联网的"中枢神经"。在 IPv4 体系内，全球共 13 台根服务器，唯一主根部署在美国，其余 12 台辅根有 9 台在美国，2 台在欧洲，1 台在日本。下一代互联网国家工程中心抓住历史机遇，于 2013 年联合日本和美国相关运营机构和专业人士发起"雪人计划"，提出以 IPv6 为基础、面向新兴应用、自主可控的一整套根服务器解决方案和技术体系。2015 年 6 月 23 日，历经数年技术探

▲"雪人计划"宣传图

索和国际公关，基于全新技术架构的全球 IPv6 根服务器测试和运营实验项目——"雪人计划"正式发布。

"雪人计划"基于 IPv6 等全新技术框架，旨在打破国际互联网 13 个根服务器的数量限制，克服根服务器在拓展性、安全性等技术方面的缺陷，制定更完善的下一代互联网根服务器运营规则，为在全球部署下一代互联网根服务器做准备。

2016 年，在"雪人计划"试验床的基础上，下一代互联网国家工程中心联合多个国家及地区合作伙伴开启 IPv6 根服务器的全球运营。目前，全球 IPv6 根服务器已部署完成，服务全球用户。

2018 年 5 月，下一代互联网国家工程中心正式启动上线"广电根 + 华数根"首个行业 IPv6 根服务器系统，全面推进广电行业应用，并向智能电网、工业互联网、物流、车联网等行业全面推广。截至 2018 年 7 月，IPv6 根服务器系统在

▲ 2018 年全球下一代互联网峰会院士圆桌论坛现场

全球根区的日访问量突破 1 亿次，递归用户日访问量突破 10 亿次。

互联网驱动经济社会变革

互联网是关系国民经济和社会发展的重要信息基础设施，深刻影响着全球政治格局、经济格局和安全格局，大力发展互联网将有助于提升我国网络信息技术自主创新能力和产业高端发展水平，高效支撑移动互联网、物联网、工业互联网、云计算、大数据、人工智能等新兴领域快速发展，不断催生新技术新业态。

互联网的发展助力数字化转型，而数字化转型将带动我国经济社会发生变革。正如怀进鹏院士在第十七届中国互联网大会上指出的："科技革命和产业变革催生了巨大的新兴市场，以互联网、物联网、云计算、大数据、人工智能等为代表的技术创新和跨界融合，将打破原有工业化时代规模经济的传统格局，改变商业业态和管理模式，数字经济条件下产业发展的生态重于制度，制度重于技术，技术重于资本，应系统理解并推进数字经济和新工业变革的有序组织和生态系统建设，加快研究并推动实施数字经济领先战略，促进我国经济高质量发展。"

我国正在由"网络大国"迈向"网络强国"，相信通过自主创新，我们将会在"网络强国"的路上高歌猛进，实现跨越发展。

（图文／下一代互联网国家工程中心）

2008年
下一代互联网研究与产业化取得重大突破

2009 年

iPS 细胞全能性被首次证明

　　2009 年，中国科学家首次利用诱导多能干细胞（iPS 细胞）通过四倍体囊胚注射技术获得存活并具有繁殖能力的小鼠，在世界上首次证明了完全重编程的 iPS 细胞具有与胚胎干细胞（ES 细胞）同等的发育能力，为 iPS 理论的完善及其在再生医学领域的应用作出了突出贡献。这项工作在国际学术界引起强烈反响，入选 2009 年美国《时代周刊》评选的年度十大医学突破，成为迄今为止唯一入选的我国内地科学家独立完成的科学发现，显著地提升了我国干细胞研究的国际影响力，有力地推动了我国干细胞研究的总体发展。

殊途同归的干细胞

人类同大多数脊椎动物一样，都是由 200 种以上不同类型的细胞组成的，各种特定类型的细胞在体内各司其职，维系着生命体的健康、有序运行。干细胞是一种未被赋予特定功能的细胞，它们既能几乎无限制地进行细胞分裂，产生新的干细胞，也可以在特定的环境下分化成具有特殊功能的职能细胞。其中，胚胎干细胞分离自哺乳动物的早期囊胚，具有发育成多种细胞、组织和器官，甚至独立发育为动物个体的能力，被认为是一种"万能细胞"，在人类再生医学领域具有巨大的应用前景。然而，从人类早期胚胎中分离胚胎干细胞势必会引发破坏已发育胚胎等伦理风险。在医疗中难以获得与患者免疫配型一致的胚胎干细胞，同样是有待解决的问题。

2006 年，日本科学家山中伸弥领导的研究小组通过异位表达四个转录因子成功地将已经分化的小鼠胚胎成纤维细胞重新转化为 iPS 细胞，并证明了其具有类似于小鼠胚胎干细胞的多能性状态。由于在获取 iPS 细胞过程中不需要破坏胚胎，有望突破胚胎干细胞在再生医学应用中面临的细胞来源"瓶颈"和伦理限制等问题，因此，该成果引起了国际生命科学和医学研究领域的广泛关注。

干细胞的发育潜能决定了其在再生医学领域的潜在应用价值。四倍体补偿技术被认为是评价干细胞发育潜能的"金标准"。利用显微注射的方式将干细胞注射到四倍体胚胎中，干细胞如有可以独立发育成健康个体的能力，即被认为其具有在体内发育成生命体所有类型组织器官的能力。然而，各国科学家一直无法证明 iPS 细胞能够像胚胎干细胞一样发育成完整健

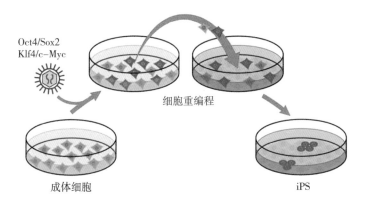

Oct4/Sox2
Klf4/c–Myc

细胞重编程

成体细胞   iPS

▲ iPS 细胞建立过程

康的个体，因此，iPS 细胞是否是真正的多能干细胞一直被业
界质疑，这也成为阻碍其基础研究深入进行和临床应用广泛开
展的重要原因。

iPS 技术可育成健康个体

从一个具有发育全能性的单一细胞——受精卵，逐步发育
成具有多种细胞类型的复杂生命体，是生活在蓝色星球上的人
类必须经历的过程。将生命的时钟逆转，是千百万年来人类的
梦想，包括 iPS 技术在内的细胞重编程技术的发展正在实现着
人类这一梦想。

2006 年日本科学家发明 iPS 技术之后，长期关注胚胎早
期发育和干细胞领域研究的中国科学院动物研究所研究员周琪
敏锐地意识到当前的 iPS 技术仍不成熟，还有很大的潜力有待
挖掘：

> 在当时的环境下，人人都将 iPS 细胞视为再生医
> 学的明日之星，然而无论从发育潜能上，还是安全性
> 角度都无法与从胚胎中获得的胚胎干细胞画等号。

2009 年 7 月 23 日，英国《自然》杂志发表了中国科学院动物研究所研究员周琪和上海交通大学医学院研究员曾凡一领导的研究团队合作完成的一项研究成果——首次证明了 iPS 细胞可育为健康个体。团队经过为期 3 年的努力，对 iPS 细胞的诱导、培养体系进行改良和优化。以血清替代品（KOSR）作为基础培养体系，共诱导获得了 37 株小鼠 iPS 细胞系。利用四倍体补偿体系对其中 6 株 iPS 细胞系进行了发育潜能评估，成功注射了 1500 多个四倍体胚胎，最终 3 株获得了共计 27 只成活的小鼠。这是国际上首次证明 iPS 细胞具有发育成健康可育小鼠的能力。周琪为第一只来源于 iPS 细胞的小鼠取名"小小"，有国外科学家评价："小小虽小，但它的意义是巨大的。可能也

▲ 中国科学院院士、中国科学院动物研究所研究员周琪

▲ 由 iPS 细胞发育而成的健康 iPS 小鼠——"小小"（周琪 摄）

代表了这小小的一步，一个改善，对人类科技是一个巨大的推动。"该成果充分证明了 iPS 细胞具有与胚胎干细胞相似的发育全能性，能够发育为健康的个体，为 iPS 理论的完善及其在再生医学领域的应用作出重要贡献。由此，iPS 细胞具有与胚胎干细胞相似的发育全能性得以证实。

该成果的发表受到国内外科学家的普遍关注，《科学》《自然》《时代周刊》等杂志与法国路透社等媒体分别对该成果发表了专题评论，国内外千余家媒体进行了转载，赢得了国际学术界的高度认可。该成果入选了 2009 年美国《时代周刊》评选的十大医学突破、中国基础研究十大新闻和两院院士评选的中国十大科技进展，获得 2014 年国家自然科学奖二等奖。

"小小"接过"多莉"点燃的火炬

"小小"的诞生终结了科学家关于 iPS 细胞是否能够替代胚胎干细胞的争论，被评价为"iPS 研究领域里的重大突破"。克隆"多莉"羊的罗斯林研究所的伊恩·威尔穆特教授称该研究团队获得的"iPS 小鼠'小小'接过了克隆羊'多莉'点燃的火炬，宣布了这场革命的胜利"，"大多数研究都是小步进展，而'小小'是一次飞跃"。

正如《时代周刊》在年度十大医学突破中对该成果的评价，"利用 iPS 细胞获得可育小鼠是说明 iPS 细胞在疾病治疗方面可以和胚胎干细胞一样有用的有力证据"，该成果消除了科学家在 iPS 细胞多能性方面的顾虑，使科学家可以放手研究 iPS 细胞在组织器官形成和疾病治疗方面的用途。2012 年，iPS 技术的发明者日本科学家山中伸弥获得诺贝尔生理学或医学奖，在沉甸甸的诺贝尔奖章背后，蕴含了中国科学家和科研团队在推动 iPS 技术的研究与应用领域作出的贡献。

▲ iPS 小鼠"小小"接过了克隆羊"多莉"点燃的火炬

The Top 10 Everything of 2009

TIME charts the highs and lows of the past year in 50 wide-ranging lists

Select a Section | Story | All Best and Worst Lists

The Top 10 Everything of 2009 > Top 10 Medical Breakthroughs

5. Stem-Cell-Created Mice
By ALICE PARK Tuesday, Dec. 08, 2009

BACK   NEXT   235 of 500 | View All

The birth of yet another laboratory mouse is hardly worth noting — unless the furry creature is the first to be developed from stem cells that do not involve embryonic cells. That deserves to be called a breakthrough. The new pups, whose creation in two separate labs in China was announced in July, were the first to be bred from induced pluripotent stem (iPS) cells. These are adult cells (usually skin cells) that scientists reprogram back to their embryonic state by introducing four genes. The reprogrammed stem cells are then programmed again to develop into mice, a feat that has been accomplished before only using embryonic stem cells. Breeding an entire mouse that is itself capable of reproducing — as the mice did in one of the Chinese labs — is a strong sign that iPS cells may be as useful as embryonic stem cells for a potential source of treatments for disease, scientists said.

ZHOU QI / XINHUA PRESS / CORBIS

View the full list for "The Top 10 Everything of 2009"

▲ iPS 细胞具有与胚胎干细胞相似的发育全能性，成果入选 2009 年美国《时代周刊》评选的十大医学突破

干细胞临床应用的未来

　　面对举世瞩目的科研成果，面对 iPS 细胞未来的临床应用前景，周琪对干细胞在临床治疗中的适用性的问题给出这样的见解：

　　　　iPS 细胞并非是一个最理想的、能够用于细胞治疗的细胞资源。即使是 iPS 技术不断地改进，它也仍然是一个无穷无尽的趋近于胚胎干细胞的细胞来源。如果

2009 年
iPS 细胞全能性被首次证明

353

我们可以建立一个公共胚胎干细胞库来解决细胞来源问题的话，为什么要做一个耗时费力有风险的个体化（iPS）的方案？

周琪认为，我国是一个人口大国，建立一个较大规模的公共胚胎干细胞库，通过配型方式为我国开展干细胞治疗提供细胞来源，是一种更加符合我国国情的策略。

"小小"诞生的 10 年，正是我国干细胞研究跨越式发展的 10 年。作为"创新 2020"的重要改革举措之一，面向国家重大战略需求，中国科学院于 2011 年启动了"干细胞与再生医学研究"战略性先导科技专项。专项取得了一系列对于解决干细胞与再生医学领域重大科学问题具有重要意义、获得国际学术界广泛认可的重要成果。中国科学院干细胞与再生医学创新研究

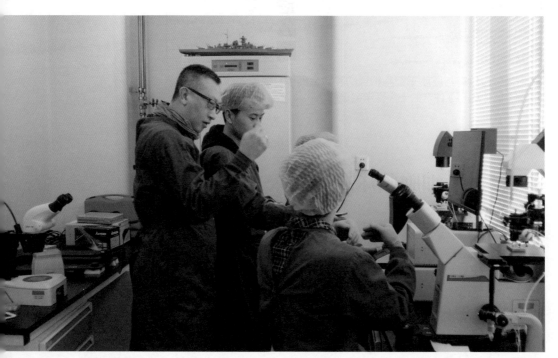

▲ 周琪（左一）与科研人员在一起

院成立，中国科学院"器官重建与制造"先导专项也已正式启动。利用临床级细胞规范化开展细胞移植的一批临床研究正在有序开展，有望解决如帕金森综合征、干性黄斑变性及脊髓损伤等疑难疾病，为患者带来希望。

周琪，这位即使在法国国家农业研究中心工作期间，每一项科研成果也都要署名"中国科学院周琪"的科学家，这位把欧洲第一只克隆小鼠取名为"哈尔滨"、把世界第一头中期体细胞克隆牛取名为"奥运2008"的科学家，用"生逢其时"四个字高度凝练概括了中国科技工作者的时代感悟：一个科学家最幸福的，就是他所做的工作是国家、人民所需要的。

周琪带领干细胞研究团队在国际竞争中完成了从"跟跑者"到"领跑者"的跨越，一次又一次在国际干细胞领域上演着"中国奇迹"。"十三五"期间，依托干细胞与再生医学创新研究院和先导专项，干细胞研究事业将迈向一个新的高度，解决有关人类生命、健康和再生的重大科学问题和产业发展"瓶颈"，研发新技术和产品，建立干细胞防治重大疾病的新策略，引领未来健康产业，带动经济和社会发展，为生命科学、健康产业和我国创新驱动发展发挥示范引领作用。

（图文／中国科学院动物研究所　李天达）

实现 16 千米自由空间量子态隐形传输

2010 年，中国科学技术大学和清华大学组成的联合小组成功实现了 16 千米的当时世界上最远距离的量子态隐形传输，比此前的世界纪录提高了 20 多倍，该实验结果首次证实了在自由空间进行远距离量子态隐形传输的可行性，向全球化量子通信网络的最终实现迈出了重要一步。2017 年，全球首颗量子科学实验卫星"墨子号"圆满完成了三大科学实验任务：量子纠缠分发、量子密钥分发、量子隐形传态，为我国在未来继续引领世界量子通信技术发展和空间尺度量子物理基本问题检验前沿研究奠定了坚实的科学与技术基础。

经典通信和量子通信

安全地进行信息的传递是千百年来人类的梦想之一，而在今日这个信息技术飞速进步的时代，安全通信却几乎是海市蜃楼。由于经典信息容易被复制，因此保障通信安全的主要方法就是加密信息，使窃取者即使复制了加密后的密文也无法读取原文。人们已经发展出了各种各样的经典密码加密算法，它们主要是利用计算的复杂性来确保通信安全的——窃听者在没有解密密钥的情况下，在有限的时间内无法完成破译所需的大量计算。但是这种方法的安全性在理论上缺乏证明——数学的不断进步可能使一些现在看起来无法利用数学方法破解的加密和解密算法在未来得以破解，因此这种方法远不能保证建造"绝对安全"的通信系统，而且在实际应用中也存在着加密和解密效率低下等诸多问题。更严峻的是，随着计算科学和技术的发展，人类所拥有的计算能力的提升速度和潜力已远远超过了人们最初的想象，经典密码加密技术对于通信安全的保障能力也显得远非人们预先估计的那么可靠。尤其是20 世纪 70 年代以来，量子计算概念的提出和它的初步实验演示，更如同经典密码安全性上方高悬的"达摩克利斯之剑"，随时威胁着经典通信系统的安全。

▲《科学》杂志封面量子通信相关论文

量子通信系统的问世，重新点燃了建造"绝对安全"通信系统的希望。根据量子物理的基本原则，未知"量子"的态不能被精确地复制，任何探测它的企图都会改变它的状态。那么，被某人拥有的"量子态"，就不能被其他任何人偷窥，因为可以通过检测"量子态"是否改变，知道是否有人试图窥测过这个"量子态"。当我们利用"量子态"来记载经典信息时，这种奇妙的性质就可以保证无人再能窥探那些"不能说的秘密"。通向"绝对安全通信"这个千百年来人类梦想大道的入口，在量子物理的指引下，又重新显露在视野之中。

广义地说，量子通信指利用量子比特作为信息载体来传输信息的通信技术。量子通信内涵很广泛，量子隐形传态、量子保密通信、量子密集编码等都属于量子通信领域。由于量子保密通信是目前最接近实用化的量子信息技术，也是人类目前掌握的唯一的无条件安全密码技术，因此我们日常提到量子通信时常常特指量子保密通信。

量子通信不依赖于计算的复杂性，而是基于量子物理学的基本原理，无论是现在还是将来，无论破译者掌握了多么先进的窃听技术、多强大的破译能力，只要量子力学规律成立，由量子通信建立起的秘密就无法被破解。从而从根本上克服了经典加密技术内在的安全隐患，是迄今为止唯一被严格证明无条件安全的通信方式，可以从根本上解决国防、金融、政务、商业等领域的信息安全问题。

中国量子通信技术的发展与规划

经过 20 年的发展，量子通信技术已经从实验室演示走向产业化和实用化，目前正在朝着高速率、远距离、网络化的方向快速发展。由于量子通信是事关国家信息安全和国防安全的战略性领域，且有可能改变未来信息产业的发展格局，因此成为世界主要发达国家和地区如欧盟、美国、日本、瑞士等优先发展的科技和产业高地。我国政府也高度重视量子通信技术的发展，积极应对激烈的国际竞争。近年来，在中国科学院、科学技术部、国家自然科学基金委员会等部门以及有关国防部门的大力支持下，我国科学家在发展可实用量子通信技术方面开展了系统性的深入研究，在产业化预备方面一直处于国际领先水平。

《国家中长期科学和技术发展规划纲要（2006—2020 年）》将"量子调控研究"列入科技部四项"重大科学研究计划"之一；以量子调控及量子信息为研究主线的合肥微尺度物质科学国家实验室是科技部 2003 年批准筹建的首批五个国家实验室之一；国家自然科学基金委员会专门设立了"单量子态的探测及相互作用""精密测量物理"等重大研究计划；中国科学院在前瞻性部署实施两项知识创新工程重大项目的基础上，在量子信息领域启动了两个战略性先导科技专项"量子科学实验卫星"和"量子系统的相干控制"；国家发展改革委员会实施了量子保密通信"京沪干线"技术验证及应用示范项目；有关国防部门也部署了系列预先研究："天宫二号"空地量子密钥分配专项和演示验证等项目。2016 年 3 月，《中华人民共和国国民经济和社会发展第十三个五年规划纲要》发布，其中量子通信和天地一体化信息网成为十大重点推进项目，极大地推动了量子通信军用、民用大规模建设和应用。2016 年，国家重点研发计划"量子调控与量子信息"重点专项开始实施。2016 年 8 月，我国成功发射全球首颗量子科学实验卫星"墨子号"，完成多项科学实验目标。2016 年 11 月，量子保密通信骨干网"京沪干线"顺利开通。2017 年 6 月，量子通信与信息技术特设任务组在中国通信标准化协会成立，启动了国家标准的研究工作。

我国量子通信技术已跻身全球领先地位，受到国际社会的广泛关注。"十三五"规划中明确提出要在量子信息科技领域部署重大科技项目，组建新型国家实验室。中国科学院积极配合这一国家战略，成立了量子信息与量子科技创新研究院，初步凝聚了国内相关的优势研究力量开展协同攻关。按照规划，到2030年左右，中国将建成全球化的广域量子通信网络。

自由空间量子态隐形传输

通常来讲，量子通信分为两种，一种是量子密钥分发，另一种是量子态隐形传输。前者是利用量子的不可复制性以及测量的随机性来生成量子密码，给传统的数字通信加密；后者是利用量子纠缠直接传送量子比特。量子态隐形传输是给未来的量子计算机之间的通信使用。量子通信的目标并不是取代传统的数字通信。比如量子密钥分发，它本身是为了让传统的数字通信变得更安全，并不能独立存在。而量子态隐形传输则完全取决于量子计算机的发展。只有未来所有的经典计算机都被量子计算机取代了，才会完全使用这种通信方式。但问题是，量子计算机和传统计算机就好比核武器和常规武器，是不可能完全取代彼此的。未来应该是量子通信和传统通信一起构建天地一体化通信网络。

2004年，中国科学技术大学潘建伟、彭承志等研究人员开始探索在自由空间实现更远距离的量子通信。潘建伟团队也是国内唯一领衔开展自由空间（星–地）量子通信实验研究的团队。在自由空间，环境对光量子态的干扰效应极小，而光子一旦穿透大气层进入外层空间，其损耗接近于零，这使得自由空间信道比光纤信道在远距离传输方面更具优势。

2005年，该团队在国际上首次在相距13千米的两个地面目标之间实现了自由空间中的纠缠分发和量子通信实验，明确表明光量子信号可以穿透等效厚度约 10 千米的大气层实现地面站和卫星之间自由空间保密量子通信。

从 2007 年开始，中国科学技术大学－清华大学联合研究小组在北京八达岭与河北怀柔之间架设长达 16 千米的自由空间量子信道，并取得了一系列关键技术突破，最终在 2010 年成功实现了当时世界上最远距离的量子态隐形传输，证实了量子态隐形传输穿越大气层的可行性，为未来基于卫星中继的全球化量子通信网奠定了可靠基础。这一实验和基于卫星平台的量子通信实验研究一起，为真正实现地面与卫星间的量子通信实验积累了相关技术经验。

2008 年，该团队在上海天文台对高度为 400 千米的低轨卫星进行了星－地量子信道传输特性实验，验证了星－地量子信道的传输特性，首次完成星－地单光子发射和接收实验。2012—2013 年，该团队实现了百千米自由空间量子态隐形传输和纠缠分发，并实现了星－地量子通信可行性的全方位地面验证。这些研究工作通过地基实验，坚实地证明了实现基于卫星的全球量子通信网络和开展空间尺度量子力学基础检验的可行性。

"墨子号"完成三大实验任务

中国科学院战略性先导科技专项量子科学实验卫星"墨子号"于 2016 年 8 月 16 日发射，在国际上率先实现高速的星－地量子通信网络，初步构建我国的广域量子通信体系，同时可实现空间尺度量子力学非定域性检验，探索对广义相对论、量子引力等基本理论的实验检验。

星－地量子纠缠分发实验 这是"墨子号"量子卫星的三大科学实验任务之一，是国际上首次在空间尺度上开展的量子

德令哈

丽江

▲ 量子纠缠分发示意图

纠缠分发实验。"墨子号"量子科学实验卫星过境时,同时与青海德令哈站和云南丽江站两个地面站建立光链路,量子纠缠光子对从卫星到两个地面站的总距离平均达 2000 千米,跟瞄精度达到 0.4 微弧度。这是世界上首次实现千千米量级的量子纠缠。卫星上的纠缠源载荷每秒产生 800 万个纠缠光子对,建立光链路可以以 1 对 / 秒的速度在地面超过 1200 千米的两个站之间建立量子纠缠,该量子纠缠的传输衰减仅是同样长度最低损耗地面光纤的一万亿分之一。在关闭局域性漏洞和测量选择漏洞的条件下,获得的实验结果以 4 倍标准偏差违背了贝尔不等式,即在千千米的空间尺度上实现了严格满足"爱因斯坦定域性条件"的量子力学非定域性检验。这一重要成果为未来开展大尺度量子网络和量子通信实验研究,以及开展外太空广义相对论、量子引力等物理学基本原理的实验检验奠定了可靠的技术基础。

星–地高速量子密钥分发实验 这是"墨子号"量子卫星的三大科学实验任务之一。量子密钥分发实验采用卫星发射量子信号、地面接收的方式,"墨子号"过境时,与河北兴隆地面光学站建立光链路，通信距离 645 ~ 1200 千米。在 1200 千米通信距离上，星－地量子密钥的传输效率比同等距离地面光纤信道高 20 个数量级（万亿亿倍）。卫星上量子诱骗态光源平均每秒发送 4000 万个信号光子，一次过轨对接实验可生成 300 千字节的安全密钥，平均成码率可达 1.1 比特率。这一重要成果为构建覆盖全球的量子保密通信网络奠定了可靠的技术基础。以星－地量子密钥分发为基础，将卫星作为可信中继，可以实现地球上任意两点的密钥共享，将量子密钥分发范围扩展到覆盖全球。此外，将量子通信地面站与合肥量子通信网、济南量子通信网、京沪干线等城际光纤量子保密通信网互联，可以构建覆盖全球的天地一体化保密通信网络。《自然》杂志的审稿人称赞星－地量子密钥分发成果是"令人钦佩的成就"和"本领域的一个里程碑"，并断言"毫无疑问将引起量子信息、空间科学等领域的科学家和普通大众的高度兴趣，以及公众媒体极为

▲ 量子密钥分发示意图

广泛的报道"。

星–地量子隐形传态实验　这是"墨子号"量子卫星的三大科学实验任务之一。量子隐形传态（即量子态隐形传输）采用地面发射纠缠光子、天上接收的方式，"墨子号"过境时，与海拔 5100 米的西藏阿里地面站建立光链路。地面光源每秒产生8000 个量子隐形传态事例，地面向卫星发射纠缠光子，实验通信距离 500 ~ 1400 千米，所有 6 个待传送态均以大于 99.7% 的置信度超越经典极限。倘若在同样长度的光纤中重复这一工作，则需要 3800 亿年（宇宙年龄的 20 多倍）才能观测到 1 个事例。这一重要成果为未来开展空间尺度量子通信网络研究，以及空间量子物理学和量子引力实验检验等研究奠定了可靠的技术基础。

量子保密通信领域的开拓者

习近平总书记 2013 年 7 月 17 日在中国科学院考察工作时发表的重要讲话中指出："量子通信已经开始走向实用化，这将从根本上解决通信安全问题，同时将形成新兴通信产业。"

在光纤量子通信领域中，远距离光纤量子通信骨干网络"京沪干线"于 2017 年 9 月 29 日正式开通。"京沪干线"全长2000 多千米，连接北京、上海，贯穿济南、合肥等地，可为沿线城市间的金融机构、政府及国家安全部门提供高速、高安全等级的信息传输保障。开通当日，结合"京沪干线"与"墨子号"的天地链路，中国科学院院长白春礼使用量子加密视频会议系统，分别与合肥、济南、上海、新疆等地成功地进行了通话，随后，又与奥地利科学院院长安东·塞林格进行了世界首次洲际量子保密通信视频通话，这标志着我国在全球已构建出首个天地一体化广域量子通信网络雏形，为未来实现覆盖全球的量子保密通信网络迈出了坚实一步。在国家发改委的支持下，中国科学技术大学研究团队正在构建范围更广的光纤量子通信网络——国家广域量子保密通信骨干网。相信经过 10 年左右的努力，量子通信网络将具备覆盖千家万户的条件。

这些成果标志着我国天地一体化广域量子通信网络雏形已经形成，未来将进一步推动量子通信技术在金融、政务、国防、电子信息等领域的大规模应用，建立完整的量子通信产业链和下一代国家主权信息安全生态系统，最终构建基于量子通信安全保障的量子互联网。我国也将进一步发展新一代卫星量子通信技术，计划在未来 5 年内研制并发展中高轨量子通信卫星，实现全天时星－地量子通信及星间量子通信，并建立与地面城域光纤量子通信网络的无缝连接，初步实现能够业务化运行的

▼ 北京兴隆站跟星

广域量子通信网络服务。我国科研团队有信心在未来保持和扩大我国的领先优势，在激烈的国际竞争中赢得新一轮量子科技革命的战略主动权。

（图文／中国科学院量子信息与量子科技创新研究院）

2010年 实现 16 千米自由空间量子态隐形传输

2011 年

深部探测专项开启
地学新时代

    2008 年，作为地壳探测工程的培育性
启动计划，"深部探测技术与实验研究专项"
（SinoProbe）开始实施，部署了全国"两网、两
区、四带、多点"探测实验等多项任务。2011
年，入地计划进展顺利，取得一系列重大突破与
重要成果，探测技术方法与装备体系渐趋完善，
为全面实施我国地壳探测工程奠定了坚实基础，
深部探测专项开启了地学新时代。

向地球深部进军

"入地"与"上天""下海"一样，是人类探索自然、认识自然和利用自然的一大壮举，关乎人类生存、地球管理与可持续发展。越来越多的证据表明，我们在地球表层看到的现象，根在深部，缺少对深部的了解，就无法理解地球系统。越是大范围、长尺度，越是如此。深部物质与能量交换的地球动力学过程，引起了地球表面的地貌变化、剥蚀和沉积作用，以及地震、滑坡等自然灾害，控制了化石能源等自然资源的分布，是理解成山、成盆、成岩、成矿、成藏和成灾等过程成因的核心。

20 世纪 90 年代初，由德国牵头，在国际地学界的支持下，28 个国家的 250 位专家出席，共同讨论了"国际大陆科学钻探计划"。1996 年 2 月 26 日，中、德、美三国签署备忘录，成为发起国，正式启动"国际大陆科学钻探计划"。

2006 年，《国务院关于加强地质工作的决定》下发实施，明确将地壳探测列为国家目标和意志，之后，在 2008 年据此启动实施了"深部探测技术与实验研究专项"，成为中国深地探测具有标志性意义的里程碑。

在 2016 年召开的全国科技大会上，习近平总书记提出"向地球深部进军是我们必须解决的战略科技问题"，把地质科技创新提升到关系国家科技发展大局的战略高度。组织和实施地球深部探测重大科技项目是落实国家战略科技、拓展发展空间、提升地球认知、解决我国能源资源短缺和自然灾害预测等问题的重要途径。

截至 2018 年 5 月 26 日，"松科"2 井顺利完井，"地壳一号"万米钻机完钻井深 7018 米，刷新了我国大陆科学钻探的纪录，

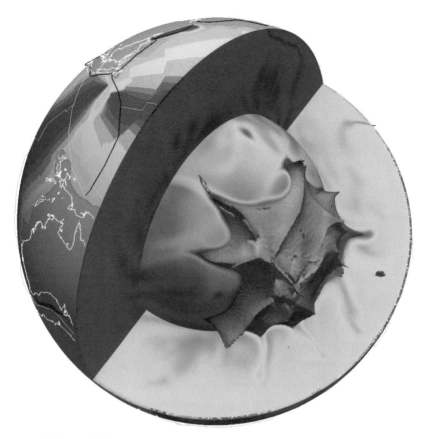

▲ 三维地球示意图

成为我国最深的科学钻井，这也是全球第一口钻穿白垩纪陆相地层的大陆科学钻探井，标志着我国在"向地球深部进军"的道路上又迈出了坚实的一步。

前赴后继　实现赶超

　　虽然我国的深地探测起步较晚，但却在短短数年间取得了超越之前数十年的成绩，从"跟跑"进入"并跑"阶段，部分领域达到"领跑"水平。这些成绩的取得，源自我国深地探测科研团队前赴后继的科研攻关和忘我付出。我国著名地球物理学家黄大年，就是他们中的杰出代表。

　　黄大年，这位在大学毕业时的同学赠言中写下"振兴中华，

▲ 黄大年给同学的毕业赠言（新华社记者 摄）

乃我辈之责"的科技工作者，于 2009 年响应国家"千人计划"的召唤，毅然放弃在国外已有的科技成就和舒适生活，回到祖国。他在给吉林大学地球探测科学与技术学院领导的邮件中写道："多数人选择落叶归根，但是高端科技人才在果实累累的时候回来更能发挥价值。现在正是国家最需要我们的时候，我们这批人应该带着经验、技术、想法和追求回来。"

回国后的黄大年被选为"深部探测技术与实验研究专项"第九项目——"深部探测关键仪器装备研制与实验项目"的负责人。他带领团队夜以继日地开展工作，为了保证工作时间，他几乎每次出差都是乘最早的航班出发，乘最晚的航班返回，正餐也常常以一两根玉米代替。

在黄大年团队的努力下，我国在万米深度科学钻探钻机、大功率地面电磁探测、固定翼无人机航磁探测、无缆自定位地震探测等多项关键技术方面进步显著，快速移动平台探测技术装备研发攻克"瓶颈"，成功突破了国外对中国的技术封锁。

2017年1月8日，年仅58岁的黄大年因病逝世。习近平总书记对黄大年的先进事迹做出重要指示：

> 黄大年同志秉持科技报国理想，把为祖国富强、民族振兴、人民幸福贡献力量作为毕生追求，为我国教育科研事业作出了突出贡献，他的先进事迹感人肺腑。

> 我们要以黄大年同志为榜样，学习他心有大我、至诚报国的爱国情怀，学习他教书育人、敢为人先的敬业精神，学习他淡泊名利、甘于奉献的高尚情操，把爱国之情、报国之志融入祖国改革发展的伟大事业之中、融入人民创造历史的伟大奋斗之中，从自己做起，从本职岗位做起，为实现"两个一百年"奋斗目标、实现中华民族伟大复兴的中国梦贡献智慧和力量。

深部探测叩启"地球之门"

深地震反射与天然地震层析成像技术是深部探测的两项关键技术。通过研究地震波在地球内部的传播，可以了解地球内部的壳幔结构和波速结构，深入认识地球。近垂直深地震反射探测技术被国际地学界公认为研究大陆基底、解决深部地质问题和探测岩石圈精细结构的有效技术手段，号称"深部探测的技术先锋"，具有探测深度大、分辨率高和准确可靠等特点，是大陆动力学和深部地壳精细结构研究的主要手段。被动源天然地震层析成像技术是地球深部构造研究中的一项重要研究方法，被称为"窥探地球深部的窗口"。反射折射联合层析成像，是一种能提供高精度高分辨率的三维定量速度成像方法，已成为深部探测与资源勘查的得力助手。

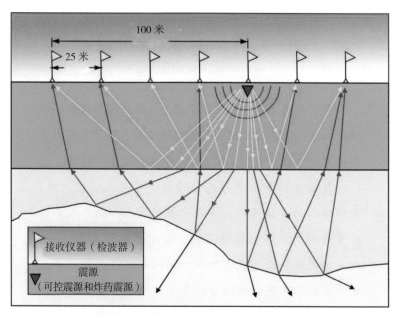

100 米

25 米

接收仪器（检波器）

震源
（可控震源和炸药震源）

▲ 深地震反射基本原理示意图

科学钻探是获取地球深部物质、了解地球内部信息最直接、有效、可靠的方法，是地球科学发展不可缺少的重要支撑，也是解决人类社会发展面临的资源、能源、环境等重大问题的重要技术手段。

2001 年，中国大陆科学钻探工程第一口井在江苏省连云港市东海县开钻，2005 年钻探结束，共钻进 5158 米，取芯钻进 1074 个回次，岩芯采取率 85.7%，其中获取的最长岩芯为 4.67 米。随后，我国在这口钻井的基础上建立了深井地球物理长期观测站，为监测我国东部郯城—庐江断裂带及邻区地壳活动性和动力学状态积累系统的科学资料。此后，我国又开展了青海湖环境科学钻探、松辽盆地白垩纪科学钻探、柴达木盐湖环境资源科学钻探等，总共钻进约 35000 米进尺。

2007 年 10 月，中国白垩纪大陆科学钻探工程——"松科"1井的钻探工作在我国松辽盆地北部完成。2014 年 4 月，"松科"2

▲ "地壳一号"万米钻机整机系统

井正式开钻，设计深度为6400米，预计获取4500米的关键
岩芯。我国自主研发的深部探测关键仪器装备——"地壳一号"
万米大陆科学钻探钻机，具有数字化控制、自动化操作、变流
变频无级调速、大功率绞车、高速大扭矩液压顶驱、五级固控
系统等突出特点，为开展超深科学钻探做好了装备准备。截至
目前，"地壳一号"已在大庆实施"松科"2井科学钻探工程
（7018米），成为世界上正在实施的最深取芯科学钻。"松科"1
井和"松科"2井，可以有效探索深部能源资源和探究距今
0.65亿～1.45亿年间的地球温室气候变化，也是目前为止国际
上最长而且连续的一条白垩系陆相沉积记录。

　　"深部探测技术与实验研究专项"已获取的海量高质量地
球深部多参数数据，为揭示深部结构和组成提供了崭新的资料
证据，且数据实现共享。例如，专项建立全国地球化学基准

▲ 工作人员在钻井平台检查井口（新华社记者 摄）

网，首次获得全国 78 种地壳元素分布情况，制作出世界第一张"化学地球"图件。在国家紧缺资源、灾害以及地质科学研究的关键部位实施了 12 口科学钻探孔，累计完成科学钻探进尺 23905.44 米，获得了宝贵的深部样品和实物资料。

"深部探测技术与实验研究专项"取得的一批重要地质发现，将改变传统的地质认识和学术模型。这些新的发现和成果资料为我们重新认识和理解中国大地构造和重大基础地质问题、探讨地球深部结构与深部过程提供了宝贵的证据。

深部探测技术与实验研究发现了一批具有战略意义的重大找矿线索，为实现找矿战略行动计划提供了有力支撑。例如，专项在松辽白垩纪盆地之下发现残存的古沉积盆地，为大庆之下找隐伏深部油气藏提供了战略依据。探测发现我国西藏、北方巨型稀土元素聚集区，具有超大型矿床潜力。

"深部探测技术与实验研究专项"成功研究与实验的一系列

技术方法，极大地加快了我国深部探测的进度，使我国跻身于世界深部探测大国行列。但是，地球深部探测研究任重而道远，目前的成绩只是阶段性胜利。下一步我国将加快向地球深部进军的步伐，在"深地资源勘查开采"重点专项和"深地颠覆性先导技术研究计划"的基础上，启动实施深地领域面向2030年的科技创新重大项目。我国地学家将继续面向国家能源资源和环境保护的重大需求，叩启"地球之门"，揭示大陆地壳的深部奥秘，开拓利用好深部能源资源与国土空间，实现地质调查与科学认知由浅表走向深部，提升能源资源保障与安全利用程度。

（图文／中国地质科学院　董树文　李廷栋　高锐）

2011年
深部探测专项开启地学新时代

2012 年

北斗系统正式提供区域服务

　　2012 年 12 月，北斗系统正式向我国及亚太地区提供区域服务，服务区内系统性能与国外同类系统相当，达到同期国际先进水平。这是我国北斗卫星导航系统建设"三步走"发展战略承前启后的关键一步，在满足我国经济社会发展和国防军队建设急需、保障国家安全和战略利益中作出重要贡献。这一工程荣获 2016 年国家科学技术进步奖特等奖。

从无到有　北斗系统的建设与运行

古代的中国人依靠天空中的北斗七星来判断方向，发明司南来导航。随着科技的不断发展，现代的我们可以利用太空中的北斗卫星导航系统实现精准导航。

北斗卫星导航系统简称北斗系统，英文名称为 BeiDou Navigation Satellite System，缩写为 BDS，是中国自主建设、独立运行，与世界其他卫星导航系统兼容共用的全球卫星导航系统。20 世纪后期，中国开始探索适合国情的卫星导航系统发展道路。1994 年，"北斗一号"工程立项，工程总设计师为我国首颗卫星"东方红一号"的技术总负责人孙家栋。2000 年，我国成功发射两颗卫星，在天空中搭建了我国的双星定位系统，优先满足了中国定位的需要，真正开创了我国建设卫星导航系统的历史，北斗走上历史舞台。

北斗卫星导航系统是一个组网工程，必须由多个卫星组成星座才能实现。20 世纪初，以我国当时的经济发展水平和技术能力，无法实现一次在全球范围内布星布站。在这种情况下，北斗系统高级顾问、时任总设计师孙家栋独具慧眼，提出"先试验、后区域、再全球"的

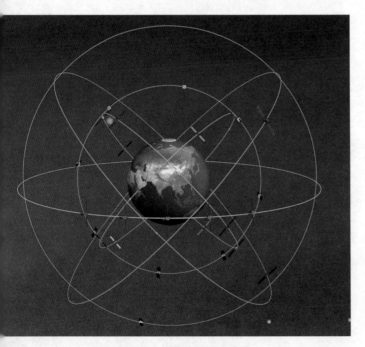

▲ 北斗卫星导航系统组网示意图

"三步走"发展战略。作为国家科技重大专项，"三步走"发展战略具体是：第一步，2000 年建成北斗卫星导航试验系统，解决我国自主卫星导航系统的有无问题。第二步，建设北斗卫星导航系统，2012 年形成区域覆盖能力。第三步，2020 年左右，形成全球覆盖能力。北斗卫星导航系统的顺利建设、成功服务，证明了"三步走"战略的正确。我们向世界导航系统提供了一个新的发展模式，这也是世界上第一次使用 IGSO 卫星进行定位，这是中国智慧对世界的又一重大贡献。"北斗二号"系统首创了三种卫星的混合星座——用 5 颗 GEO 卫星、5 颗 IGSO 卫星和 4 颗 MEO 卫星组成北斗星座，不但保留了"北斗一号"的技术能力，还可以优先服务我国及周边，最终走向服务全球。

目前，全世界有四大全球卫星导航系统：美国的 GPS、俄罗斯的格洛纳斯、中国的北斗和欧洲的伽利略。其中，GPS 和格洛纳斯已经提供全球服务，北斗和伽利略也将在 2020 年提供全球服务。

有惊无险　北斗卫星零窗口雷电发射

"北斗二号"工程于 2004 年 8 月立项，历时 8 年完成研制建设，全国 300 多家单位、8 万余名科技人员参研参建，建成了由 14 颗组网卫星和 32 个地面站天地协同组网运行的"北斗二号"卫星导航系统。在全国人民和各有关部门的大力支持下，参与系统研制、建设、试验、应用和管理的全体人员，按照"质量、安全、应用、效益"的总要求，坚持"自主、开放、兼容、渐进"的发展原则，瞄准建设世界一流卫星导航系统目标，大力协同、奋力攻关，完成了我国卫星导航系统第二步承前启后的建设任务，走出了一条中国特色卫星导航发展道路。

"北斗二号"卫星导航系统的建设过程并非一帆风顺。2011

北斗系统正式提供区域服务

▼ 北斗卫星示意图

年 7 月 27 日，矗立在发射塔架上的第九颗北斗导航卫星发射在即，天空却突然乌云密布，天降雷雨。雷电是卫星发射的最大威胁，因为准备发射的火箭体内已经装满了燃料，稍微有一丁点儿火花，都可能引起爆炸，炸毁火箭和卫星，让一切投入化为灰烬。通常，遇到雷电天气，大多数航天发射任务就会推迟。但是，北斗卫星导航系统不行。与其他航天器不同，北斗卫星导航系统是一个系统工程，必须要相继发射多颗卫星组成一个卫星星座，才可以实现它提供的服务。因此，每一颗卫星的发射时间大概在它还是一张图纸的时候，就已经基本确定了。可以说，每颗卫星的成功都将成为未来连续成功的基础，任何一次抉择都将关系到未来的成败。为了按时组网，北斗卫星必须要"零窗口"发射。

什么是零窗口？卫星发射窗口，可以理解为顺利发射卫星入轨的时间。就好比骑马射移动靶，人和靶都在动，只有人、箭、靶三点一线的时候才可以射中，这个三点一线的时刻，就是窗口。卫星发射窗口只有 40 分钟，很有限。而零窗口，就是在预先计算好的发射时间，分秒不差地将火箭点火升空，不允许有任何延误与变更。

当时，天气预报是决策的唯一依据。北斗科研人员在等，也是在盼，火箭从起飞到飞离云层只需要不到 100 秒的时间，发射场里所有的人目光凝重，仰望天空，只求这 100 秒天空的平静。40 分钟的发射窗口一点一点过去了，北斗科研人员没有放弃，一遍遍看着天气预报。

就在发射窗口关闭前 5 分钟，天气预报显示雷电可能会有

▲ 2017 年 11 月 5 日，"北斗三号"组网首发双星（梁珂岩 摄）

一个短暂的间歇。机会稍纵即逝，北斗科研人员果断决策，火箭破云而出。在这 100 秒的时间里，偌大的指挥中心，连一根针掉在地上的声音都能听到，所有人眉头紧锁，这是在和老天抢时间。100 秒后，火箭冲破云层，卫星安全升空。就在起飞后 45 秒，又一阵电闪雷鸣让心理承受能力已经到了极限的人们几乎彻底崩溃。幸运的是，科研人员最终顺利收到了卫星安全入轨的信号。正是"自主创新、团结协作、攻坚克难、追求卓越"的北斗精神，才让北斗卫星导航系统在短时间内取得了一项又一项的重要成就。

"地上用好"
北斗系统的应用与国际合作

随着北斗系统建设和服务能力的发展，相关产品已广泛应用于交通运输、海洋渔业、水文监测、天气预报、测绘地理信息、森林防火、通信时统、电力调度、救灾减灾、应急搜救等

2012 年
北斗系统正式提供区域服务

领域，逐步渗透到人类社会生产和人们生活的方方面面，为全球经济和社会发展注入新的活力。目前，北斗已形成完整产业链，北斗在国家安全和重点领域标配化的使用，在大众消费领域规模化的应用，正在催生"北斗+"融合应用新模式。

北斗基础产品实现历史性跨越 2010年，国内没有一片国产北斗芯片，现如今，已有坚强的"北斗·芯"。国产北斗芯片实现规模化应用，工艺由0.35微米提升到28纳米，最低单片价格仅6元人民币，总体性能达到甚至优于国际同类产品。目前，国产北斗芯片累计销量突破7000万片，高精度OEM板和接收机天线已分别占国内市场份额30%和90%。

行业区域应用显现规模化效益 现如今，北斗已在交通运输、海事搜救、气象、渔业、公安、民政、林业等9个行业开展示范，发挥重要经济社会效益；正在实施珠三角、湘、陕、贵、京、鄂、苏等9个区域示范，广泛服务于人民生活与经济

▲ 北斗应用示意图

社会发展。540万辆运营车辆上线，建成全球最大的北斗车联网平台，相比于2012年，2016年道路运输重大事故率和人员伤亡率均下降近50%，公安出警时间缩短近20%，突发重大灾情上报时间缩短至1小时内，应急救援响应效率提升2倍。全国4万余艘渔船安装北斗产品，累计救助渔民超过1万人，已成为渔民的海上保护神。基于北斗的高精度服务，已用于精细农业、危房监测、无人驾驶等领域。

大众应用触手可及　北斗日益走近百姓生活。世界主流手机芯片大都支持北斗，北斗正成为国内销售智能手机的标配。共享单车配装北斗实现精细管理。支持北斗的手表、手环、学生卡，为人们的日常生活提供了更多方便和安全保障。以北京为例，33500辆出租车、21000辆公交车安装北斗产品，实现北斗定位全覆盖；1500辆物流货车及19000名配送员，使用北斗终端和手环接入物流云平台，实现实时调度。

北斗融合互联网催生新业态　2010年至今，我国共发布6版信号接口控制文件和1版服务性能规范。国内从业企业超过1.4万家，从业人员超过45万人。国内卫星导航产业年产值年均增长率超过15%，2017年突破2500亿元，北斗贡献率超过80%。2016年发布《中国北斗卫星导航系统》白皮书，启动《中华人民共和国卫星导航条例》编制，成立国家北斗卫星导航标准化技术委员会，形成国家主流媒体、北斗官网官微多方参与的立体宣传体系。北斗与互联网、云计算、大数据融合，建成高精度时空信息云服务平台，推出全球首个支持北斗的加速辅助定位系统，服务覆盖210个国家和地区，用户突破1.6亿人，日服务达3亿次。国产北斗产品输出到90余个国家和地区，包括30余个"一带一路"沿线国家和地区，造福国际社会。北斗地基增强系统成体系出口到阿尔及利亚。科威特国家银行施工过程中采用北斗高精度测量保证施工质量。

2012年 北斗系统正式提供区域服务

卫星导航系统是全球性公共资源，多系统兼容与互操作已成为发展趋势。中国始终秉持和践行"中国的北斗，世界的北斗"的发展理念，服务"一带一路"建设发展，积极推进北斗系统国际合作，与其他卫星导航系统携手，与各个国家、地区和国际组织一起，共同推动全球卫星导航事业发展，让北斗系统更好地服务全球、造福人类。

全面开展大国合作 成立中俄卫星导航重大战略合作项目委员会，中美、中欧卫星导航合作工作组。开通中俄卫星导航联合监测平台，与美、俄分别签署系统兼容与互操作联合声明，为多系统实现共赢、全球用户享受更加高效可靠服务作出中国贡献。

▲ 2018 年 2 月，第 28、29 颗北斗导航卫星
（史啸 摄）

▲ 2018 年 2 月，第 28、29 颗北斗导航卫星待发射
（史啸 摄）

广泛参与多边合作 积极参与联合国全球卫星导航系统国际委员会，2012 年主办第七届大会，2018 年主办第十三届大会。中国卫星导航学术年会连续举办九届，年度参会人数逾 3000人。北斗已加入国际民航、国际海事、3GPP 移动通信三大国际组织，还将为全球提供免费搜索救援服务。

积极推动服务世界 与南亚、中亚、东盟、阿盟、非洲等国家和组织建立合作机制，举办"北斗亚太行""北斗东盟行"和中阿北斗合作论坛、中沙卫星导航研讨会等系列活动，加强技术交流和人才培养，服务"一带一路"国家和地区。

北斗发展步入新时代

北斗卫星导航系统标志的圆形构型象征"圆满"，与太极阴阳鱼共同蕴含了中国传统文化；深蓝色的太空和浅蓝色的地球代表航天事业；北斗七星是自远古时起人们用来辨识方位的依据，司南是中国古代发明的世界上最早的导航装置，两者结合既

▲ 北斗卫星导航系统标志

彰显了中国古代科学技术成就，又象征着卫星导航系统星地一体，同时还蕴意着中国自主卫星导航系统的名字——北斗；网格化地球和中英文文字代表着我国的北斗卫星导航系统开放兼容、服务全球的愿景。

中国坚持"自主、开放、兼容、渐进"的原则建设和发展北斗。目标是建设世界一流的卫星导航系统，满足国家安全与经济社会发展需求，为全球用户提供连续、稳定、可靠的服务；发展北斗产业，服务经济社会发展和民生改善；深化国际合作，共享卫星导航发展成果，提高全球卫星导航系统的综合应用效益。

随着"中国制造2025"的到来、互联网技术和信息技术的发展，以及人工智能技术的实现，北斗将与高新技术更加紧密地融合，迎来更加广阔的发展前景。

（图文／北斗宣传研究与传播中心）

2012 年 北斗系统正式提供区域服务

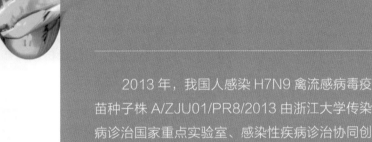

2013 年

我国首次成功研发
人感染 H7N9 禽流
感疫苗种子株

2013 年，我国人感染 H7N9 禽流感病毒疫
苗种子株 A/ZJU01/PR8/2013 由浙江大学传染
病诊治国家重点实验室、感染性疾病诊治协同创
新中心主任李兰娟院士团队成功研制。这是我国
科学家首次成功研发人感染 H7N9 禽流感病毒
疫苗种子株，也是我国在新发突发传染病防控能
力建设领域的一项重要的协同创新成果，表明我
国已经具备自主研发流感病毒疫苗种子株的技术
和能力。

疫情突发　没有硝烟的战场

2013 年春，上海发生一起危重症呼吸道感染病人突然死亡事件，江苏也有相似疫情发生，但病因不明，随后浙江也相继发生这一疫情。

该传染病的病原是什么？传染源是什么？通过什么途径传播？如何开展救治？

疫情刚出现，浙江大学传染病诊治国家重点实验室、感染性疾病诊治协同创新中心主任李兰娟院士的项目组就第一时间凝练出关键科学问题，明确攻克方向。李兰娟知道，10 年前 SARS 疫情暴发流行的原因是我们迟迟不能明确病原和传染源，导致中国在防控 SARS 疫情上处于被动状态。而这一次突发疫情，仅用了五天时间，就确定这一新的传染病病原体为新型人感染 H7N9 禽流感病毒。《自然》杂志发表社论：中国具有同美国一样的发现和确认新发传染病病原的能力。

自 2003 年 SARS 疫情暴发后，覆盖全国 31 个省、市、自治区的全球最大的新发突发传染病监测网络逐步建立，对随时可能出现的新发病原体进行实时监控，可以在 72 小时内完成对 300 种病原的检测。在新型人感染 H7N9 禽流感暴发的第一时间，李兰娟项目组立即组建了一支 30 多人的采样小组前往疫情相关各地，采样调查以寻找传染源。

项目组成员沿着候鸟迁徙的路线，深入各种人迹罕至的栖居地。当他们穿进一片白鹭林时，候鸟受惊飞起，天上下起了"粪雨"，但他们却如获至宝，因为掉下来的都是可供继续研究的样本，这些鸟粪中可能正含有他们所要找的病毒。

项目组还对病人进行流行病学调查，刚开始项目组成员戴着口罩穿着白大褂去养殖场采样，常常吃闭门羹，人们视他们为"不速之客"。于是他们只好脱掉白大褂和手套，和普通顾客一样去菜市场买家禽，然后采集粪便取样。

项目组通过以深度测序和高通量数据分析技术为核心的新发突发传染病病原早期快速识别技术体系，很快明确了人感染 H7N9 禽流感病毒经过了两步重配，H7 来自长三角家鸭、N9 来自韩国的野鸟，同时还证明了鸭是中间宿主，鸡是主要的传染源。从流行病学、血清学和分子病毒学方面均证实了活禽市场是人感染 H7N9 禽流感病毒源头。项目组对相关活禽市场中的鸡、鸭、鸽子和黄浦江的死猪等标本进行研究，发现从患者体内分离的病毒和从鸡体内分离的病毒基因序列同源性高达 99.4%，首次从分子水平获得了 H7N9 病毒从禽向人传播的科学依据。

关闭活禽市场！这是李兰娟团队防止疫情向全国蔓延的关键一招。然而，禽类感染 H7N9 病毒不发病，这给疫情防控带来难度，也不能因此把所有的禽类都扑杀。疫苗是最经济有效的防控手段，及时研发和生产能够有效预防人感染 H7N9 禽流感病毒感染的疫苗至关重要。

人感染 H7N9 禽流感病毒疫苗种子株实现我国流感疫苗突破

李兰娟项目组通过对疫情发生前长三角地区活禽相关职业暴露人群以及普通人群血清学的研究，发现均未能检测到 H7 血凝抑制抗体及中和抗体。随后项目组对接种季节性流感疫苗后人群的血清进行研究，发现季节性流感疫苗不能产生针对 H7N9 病毒的交叉保护抗体。项目组对患者的免疫学研究发现，人感染 H7N9 禽流感存活病例组的特异性抗体滴度显著高于死亡病例组，提示特异性抗体可改善人感染 H7N9 禽流感病毒患者的临床结局。上述研究证明，人群缺乏针对人感染 H7N9 病毒的特异性免疫力是造成重症的重要原因，也为疫苗研发的必要性提供了科学依据。

项目组创建了自主研发流感疫苗种子株的新技术体系。针对流感疫苗研发的"瓶颈"和难点，根据人感染 H7N9 禽流感病原基因序列特征，项目组使用 PR8 质粒流感病毒拯救系统和反向遗传技术，及时开展人感染 H7N9 禽流感疫苗种子株研究，成功研发我国首个人感染 H7N9 禽流感病毒疫苗种子株。该疫苗种子株已通过中国医学科学院医学实验动物研究所新药安全评价研究中心的雪貂安全性评价试验，以及中国食品药品检定研究院参照《中国药典》流感病毒疫苗种子株相关技术要求的全部检定。这是我国科学家首次成功研发符合国际通用要求的流感疫苗种子株。

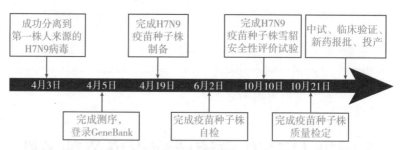

▲ 人感染 H7N9 禽流感疫苗种子株研发时间节点

利用该疫苗种子株，项目组成功研发了新型人感染 H7N9 禽流感裂解疫苗及佐剂疫苗，并获得 CFDA 颁发的 4 个新药临床批件。目前，该 H7N9 禽流感疫苗已完成中试生产，通过临床试验的有效性验证后，即可大批生产上市。

创建引领世界的"中国技术"

高病死率是新发传染病导致社会恐慌的重要原因，也是世

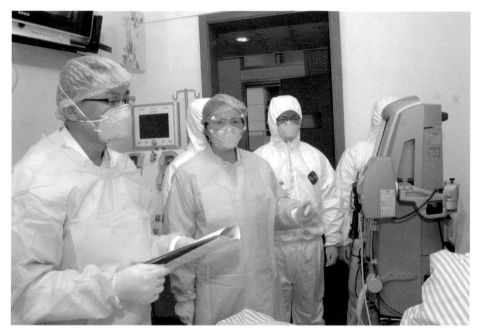

▲ "四抗二平衡"救治

界性难题，一直缺乏有效的救治技术体系。李兰娟项目组通过对临床规律和发病机制的深入研究，针对重症化和死亡的关键因素，创建了抗病毒、抗低氧血症和多脏器功能衰竭、抗休克、抗继发感染（"四抗"），维持水电解质平衡和微生态平衡（"二平衡"）的"四抗二平衡"救治策略和以"李氏人工肝"为代表的独特有效的救治技术。

项目组针对人感染 H7N9 禽流感病毒临床规律不明的问题，运用大数据挖掘，快速、精确地揭示了人感染 H7N9 禽流感病毒的临床特征：潜伏期 3～5 天，71.2% 的患者发病 7 天左右出现急性呼吸窘迫综合征等严重并发症，肺组织呈"实变"和"磨玻璃样改变"；高血压、糖尿病和冠心病等是发生重症的独立危险因素；年龄大于 65 岁、起病到抗病毒治疗间隔时间超过 5 天是死亡的危险因素。研究结果为防治人感染 H7N9 禽流感病毒揭示了重要规律。

项目组还发现人感染 H7N9 禽流感病毒重症患者存在"细胞因子风暴"现象，并迅速出现急性呼吸窘迫综合征（ARDS）。针对"细胞因子风暴"，国际上一直缺乏有效治疗手段，李兰娟项目组根据"李氏人工肝"能清除肝衰竭患者炎症因子的原理，创造性地将"李氏人工肝"用于人感染 H7N9 禽流感病毒重症患者救治，发现该技术能使患者血液中的 IL-1β、IL-2 等细胞因子水平迅速下降，并迅速改善 ARDS、休克和水电解质紊乱，显著消除"细胞因子风暴"，显著降低病死率。项目组创建了重症新发传染病救治新技术。

李兰娟项目组发现人感染 H7N9 禽流感病毒患者存在严重微生态失衡，后者是继发内源性感染导致死亡的重要因素，从而提出了早期慎用或不用抗生素、注意肠内营养、补充微生态制剂、维持微生态平衡的重要措施，该措施可减少继发感染，

▲ 国家科学技术进步奖项目组成员合影

降低病死率。

项目组制定了国家《人感染 H7N9 禽流感诊疗方案》等指南，为建立我国规范的诊疗体系提供了重要支持。美国驻中国领事和美国疾病控制与预防中心专家多次前来项目组学习人感染 H7N9 禽流感诊治经验，为美国政府未来应对类似疫情提供决策依据。世界卫生组织先后两次通过电话会议请李兰娟介绍"四抗二平衡"救治策略，并把该策略作为全球的 H7N9 禽流感诊疗方案的重要内容之一。

▲ "以防控人感染 H7N9 禽流感为代表的新发传染病防治体系重大创新和技术突破"项目获国家科学技术进步奖特等奖

可以说项目组在发现新病原、确认感染源、明确发病机制、开展临床救治、研发新型疫苗和诊断技术等方面均取得了重大创新和技术突破，是中国科学家在新发传染病防控史上第一次利用自主创建的"中国模式"技术体系，成功防控了在我国本土发生的重大新发传染病疫情。项目组创建的防控体系还有效阻击了 MERS、寨卡等传染病的输入传播，成功援助非洲控制埃博拉疫情，显示了中国力量，使我国在国际新发传染病防治领域实现了从跟随到领跑世界的跨越式发展。"以防控人感染 H7N9 禽流感为代表的新发传染病防治体系重大创新和技术突破"项目，荣获 2017 年国家科学技术进步奖特等奖。

（图文／感染性疾病诊治协同创新中心）

2013 年
我国首次成功研发人感染 H7N9 禽流感疫苗种子株

2014 年
三峡工程驱动中国水电实现全球引领

2014 年 7 月 10 日，世界第三大水电站、中国第二大水电站溪洛渡电站，中国第三大水电站向家坝电站机组全面投产发电。两座电站总投产装机达 2026 万千瓦，年均发电量 880 亿千瓦时，相当于又一个三峡电站投产发电，每年可节约标准煤 3300 多万吨，减少二氧化碳排放超过 7500 万吨，减少二氧化硫排放约 90 万吨，减少氮氧化物排放约 39 万吨。通过三峡工程等一系列世界级水电站的建设和运营，中国水电行业形成了全球领先的水力发电成套技术和综合运营管理能力。

　　1994 年，举世瞩目的三峡工程正式开工。2003 年，三峡大坝全线挡水，三峡电站首批机组投产发电，三峡船闸投入运行。2008 年，三峡工程开始 175 米水位试验性蓄水。通过科学调度、精益运行、精心维护，三峡电站年发电量突破 988 亿千瓦时，刷新单座电站年发电量世界纪录。截至 2017 年年底，三峡电站发电量累计超过 10000 亿千瓦时，三峡船闸通货量达到 11 亿吨，连续 8 年成功实现 175 米试验性蓄水目标，水资源综合利用效率得到进一步提高。

　　通过三峡工程、溪洛渡、向家坝、白鹤滩、乌东德等一系列世界级水电站的建设和运营，中国水电行业攻克了一系列关键技术难题，实现了全领域、全过程自主创新，形成了全球领先的水力发电成套技术和综合运营管理能力。

大坝工程智能建造

　　在三峡工程引入三峡工程管理系统（TGPMS）信息系统筑坝的成功经验基础上，溪洛渡、乌东德等水电建设进一步提出了"感知、分析、控制"的工程智能建造闭环控制理论，创建了大坝全景信息模型 DIM，实现了现代信息技术与工程建设技术的深度融合。通过研发应用协同管理平台 iDam，构建多要素、多维动态耦合分析模型，通过仿真分析、动态预测实体工程工作状态，达到工程全生命期性态可知可控；研发了成套智能装备和系统，实现了施工全过程"在线采集、动态分析、智能操作、预警预控"，为工程全生命期运维奠定坚实基础。大坝工程智能建造是工程建设技术、项目管理技术与现代信息技术深度融合的创新成果，实现了工程全生命期、全资源要素、全工艺流程、全建设过程的智能化管控，将大坝工程建设由传统模式向智能建设模式推进。依托智能建造技术建设的溪洛渡水

▲ 三峡工程

电站，荣获素有"国际工程咨询领域诺贝尔奖"之称的菲迪克2016 年工程项目杰出奖，成为当届全球 21 个获奖项目中唯一的水电项目。

巨型水电机组自主创新

　　借鉴三峡工程成功经验，联合相关制造企业通过技术引进消化吸收再创新、集成创新与原始创新，构建"产学研用"相结合的技术创新体系，在高水头、大容量水电机组关键技术方面取得重大突破，形成世界领先的核心技术。通过三峡工程建设，我国具备了 700 兆瓦水电机组自主设计、制造和安装能力，我国水电装备制造业用 7 年时间实现近 30 年的跨越式发展。溪洛渡、向家坝电站在此基础上自主创新，实现了目前世界上最大单机容量 800 兆瓦级水电机组的自主设计、制造和安装，以及配套设备和原材料的国产化。针对乌东德、白鹤滩电站进一步开展 1000 兆瓦水电机组科研攻关，历时 10 年取得丰硕成果，

▲ 三峡电站机组

机组技术性能和可靠性指标达到了国际领先水平，中国企业具备了自主设计制造 1000 兆瓦水电机组的能力。

通过长江上游千万千瓦级梯级电站建设，中国水电装备在新技术、新材料、新工艺、新装备等方面升级换代，用 20 年时间走过了发达国家 100 年的发展历程，实现了三峡工程 700 兆瓦机组技术追赶、向家坝 800 兆瓦机组整体超越、白鹤滩 1000 兆瓦机组全面引领的三大跨越。中国水电装备已成为全球水电行业的响亮品牌，在服务"一带一路"建设、中国水电"走出去"进程中发挥着引领作用，产生了巨大的综合效益。

垂直升船机建造

三峡垂直升船机是三峡水利枢纽永久通航设施之一，其主要功能是为客轮、货轮提供快速过坝通道，并与双线五级船闸联合运行，提高枢纽的航运通过能力。三峡升船机设计通航船舶为 3000 吨，提升高度 113 米，提升重量 15500 吨，上 / 下游通航

▲ 游轮在升船机的承船厢中缓缓下降

水位变幅分别为 30 米 /11.8 米，是目前世界上过船规模、提升高度、提升重量、通航水位变幅最大，综合技术难度最高的垂直升船机。三峡垂直升船机采用了"齿轮齿条爬升、长螺母柱－短螺杆安全保障机构、全平衡一级垂直升船机"的技术方案，确保在承船厢水漏空、地震等极端工况下，也不会发生承船厢坠落事故。通过引进消化吸收再创新，不断提升设计水平、制造技术、施工工艺和管理方法，攻克了齿条螺母柱等关键设备研制、大型超高钢筋混凝土塔柱结构施工、齿条螺母柱和船厢及其设备安装，以及升船机自动控制系统集成与调试等一系列技术难题，创造了 168 米高钢筋混凝土塔柱结构施工无裂缝、125 米齿条螺母柱安装垂直度小于 3 毫米、承船厢全行程全天候运行无卡阻、四个驱动点高程同步偏差小于 2 毫米的建设奇迹。三峡垂直升船机的建设，推动了我国重型机械制造业在冶炼、铸造、热处理、机加工、检测等技术领域的发展与创新，形成了一系列工艺、工法和技术标准，填补了我国巨型齿轮齿条爬式垂直升船机建造技术标准空白，标志着我国已掌握超大型升船机建设技术，齿条螺母

2014 年
三峡工程驱动中国水电实现全球引领

柱、承船厢及其设备等大型部件制造达到国际领先水平，实现了从中国制造到中国创造的飞跃。

流域梯级水库群联合智慧调度

长江干流溪洛渡、向家坝、三峡、葛洲坝梯级巨型水库群实行联合智慧调度和运行管理，其调节库容 295.93 亿米^3，防洪库容 277.03 亿米^3，约分别占长江上游主要水库的 52% 和 76%，在长江流域综合管理中发挥着核心作用。

十余年来，溪洛渡—葛洲坝流域建立了一套集水雨情信息采集处理、水文气象预报制作、梯级水库联合调度方案编制、联合调度成果展示的智慧调度决策支持体系。建设了国内水电

▲ 溪洛渡水电站全景

企业规模最大、功能最齐全的流域水雨情遥测系统，自建或共建共享的遥测、报汛站近 1000 个，控制长江上游流域面积约 58 万千米[2]，实现了对流域内水雨情和水库信息的快速收集、存储和处理；建立了一套完备的气象水文预报系统，流域水文气象预报预见期长达 7 天，24 小时流量预报精度超过 98%，在国内同行业处于领先水平；建设了以地面光传输网通信为主和天上卫星通信为辅的信息高速公路，研发了流域梯级新一代智能水调自动化系统和巨型机组电站群远方"调控一体化"自动控制系统，梯级电站水能利用提高率超过 4%，形成了长江流域水资源联合智慧调度运行核心能力，有力促进了长江"黄金水道"产生"黄金效益"。

"互联网 +"助力精准移民

中国水电开发企业针对水电工程移民地域广泛、人员众多、情况复杂等特点，开发了基于"互联网 +"的水电工程移民管理信息系统。该系统是国内乃至世界首个覆盖水电工程移民工作全生命周期的移民信息化协同管理平台，实现了基于遥感、地理信息和移民业务自适应管理模型的移民指标可核查、资金使用可追溯、安置实施效果可评价的时空变迁跟踪管理，开启了移民参与式管理的"互联网 + 公众服务"阳光化运作，有效提高了政府工作的透明度、维护了广大移民群众的切身利益，对推动我国水电移民管理数字化、规范化起到了良好的引领和借鉴作用。

该系统目前在向家坝、溪洛渡等国内电站和巴基斯坦卡洛特、几内亚苏阿皮蒂等海外电站项目均取得良好应用效果，管理了 30 余万移民基础数据和数百亿移民资金，拥有用户单位 121 家、专业用户 842 名，移民自助查询用户达上万人、惠及库区 20 万移民群众，总访问量超过 80 万人次。

2014 年
三峡工程驱动中国水电实现全球引领

403

生态调度成效显著

在水电开发过程中，相关企业积极开展三峡—金沙江下游梯级水库群多功能生态调度研究，持续开展抗旱补水调度、汛期沙峰调度、库尾泥沙减淤调度、长江口压咸应急调度和促进鱼类自然繁殖的调度试验，发挥了三峡水库等作为巨大淡水资源库的重要作用，进一步拓展了长江流域梯级水库群的生态效益。

"四大家鱼"作为适应长江河湖复合生态系统的产漂流性卵的代表性物种，是三峡工程及长江干流水电开发的重要关注对象。在精准水情预报基础上，整合水库精细调度和鱼类种群监测等研究成果，先后制定了三峡水库及上游梯级水库流域生态调度试验方案并实施。2011—2017 年，三峡水库累积实施 10 次针对"四大家鱼"等鱼类繁殖的生态调度，促进宜昌江段四大家鱼繁殖规模达到 17.6 亿颗，对本江段四大家鱼自然繁殖贡献率为 40%。长江中游江段在实施生态调度后鱼类自然繁殖规模较调度实施前增加 3 倍，生态调度取得良好效果。

围绕国家珍稀鱼类——中华鲟的物种保护工作开展持续研究，建立并完善中华鲟人工繁育技术体系，突破了中华鲟在淡水环境下全人工繁殖技术难关，实现了中华鲟子二代幼鱼规模化培育，实现了人工环境下中华鲟物种持续繁衍。30 多年来持续开展中华鲟放流活动，累计投放各种规格中华鲟 500 多万尾，整合 PIT、超声声呐和网络通信等前沿技术，成功实现远程实时追踪幼鱼下行入海。追踪监测结果表明，2015—2017 年 1 龄以上大规格幼鲟到达河口的比例为 40%～50%，对于延缓中华鲟自然种群快速衰退发挥了积极作用。经过多年科研攻关，还先后突破胭脂鱼、圆口铜鱼、长鳍吻鮈等长江流域珍稀特有鱼类的人工驯养和繁殖技术，开展了 10 多种鱼类的增殖放流，以实际行动践行长江鱼类资源保护及长江生态文明发展理念。

工程通过对先进植物保护技术系统集成，实现了三峡珍稀特有植物荷叶铁线蕨快速培育，填补了疏花水柏枝有性和无性繁殖的空白。运用植物组织培养技术和扦插等传统繁殖技术成功培育红豆杉、香果树

▲ 由"黄桂云创新工作室"培育的珍稀特有植物——荷叶铁线蕨孢子

等 30 余种珍稀濒危植物幼苗 2.3 万余株，数项技术达到国内领先水平。掌握了一套拥有自主知识产权的三峡特有珍稀植物如珙桐、荷叶铁线蕨等引种驯化技术和移栽技术，移栽成活率达 90% 以上。10 年来将三峡库区特有或土著植物 356 种近 1.7 万株植物，分级引种到 12.8 千米^2 的三峡施工迹地，建成了具有区域影响的三峡珍稀植物保护基地和科普基地。

▲ 2018 年长江三峡中华鲟放流活动

（图文／中国长江三峡集团有限公司）

2015 年

C919 大型客机首架机总装下线

2015 年 11 月 2 日，C919 大型客机首架机在中国商飞公司新建成的总装制造中心浦东基地总装下线。2017 年 5 月 5 日，C919 大型客机成功首飞，2017 年 12 月 17 日，C919 大型客机 102 架机首飞。研制和发展大型客机是建设创新型国家、提高我国自主创新能力和增强国家核心竞争力的重大战略举措，是《国家中长期科学与技术发展规划纲要（2006—2020 年）》确定的 16 个重大专项之一。C919 大型客机成功首飞标志着我国实施创新驱动发展战略取得新的重大成果。

首架机总装下线

2015 年 11 月 2 日上午，崭新的飞机总装车间厂房内，随着两扇帷幕缓缓拉开，一架带有"商飞蓝"和"商飞绿"涂装的新型商用飞机完整地展现在世人面前，这正是我国自主研制的 C919 大型客机。至此，经过 7 年的设计研发，C919 大型客机首架机正式下线。这不仅标志着 C919 首架机的机体大部段对接和机载系统安装工作正式完成，已经达到可进行地面试验的状态，更标志着 C919 大型客机项目工程发展阶段研制取得了阶段性成果，为下一步首飞奠定了坚实基础。

中共中央总书记、国家主席、中央军委主席习近平对 C919

▼ 2015 年 11 月 2 日，C919 大型客机总装下线

大型客机首架机总装下线做出重要指示，向广大参研单位和人员表示热烈的祝贺。希望大家继续弘扬航空报国精神，坚持安全第一、质量第一，脚踏实地、精益求精，扎实做好首飞前的准备工作，为进一步提升我国装备制造能力、使自己的大飞机早日翱翔蓝天再作新贡献。中共中央政治局常委、国务院总理李克强做出批示，希望继续发扬拼搏进取精神，攻坚克难，砥砺前行，集全国之智，聚万众创新，不断提升我国大型飞机自主研制生产能力，完善现代民用飞机产业体系，为增强高端装备制造实力、建设制造强国作出新贡献。

根据工程发展阶段计划安排，C919 大型客机项目还要开展航电、飞控、液压等各系统试验、机载系统集成试验和全机静力试验。首架机作为试飞飞机，首飞前需要完成系统调试、试飞试验设备和仪器安装等工作。

大飞机之大

C919 大型客机是我国首款按照最新国际适航标准研制的干线商用飞机，于 2008 年开始研制，基本型混合级布局 158 座，全经济舱布局 168 座，高密度布局 174 座，标准航程 4075 千米，增大航程 5555 千米。2009 年 1 月 6 日，中国商飞公司正式发布首个单通道常规布局 150 座级大型客机机型代号"COMAC919"，简称"C919"。

C919 大型客机采用了先进气动布局、结构材料和机载系统，设计性能比同类现役大部分机型减阻 5%，外场噪声比国际民用航空组织（ICAO）第四阶段要求低 10 分贝以上，二氧化碳排放低 12% ~ 15%，氮氧化物排放比 ICAO CAEP6 规定的排放水平低 50% 以上，直接运营成本降低 10%。C919 飞机严格贯彻中国民用航空规章第 25 部《运输类飞机适航标准》

（CCAR25 部），中国民用航空局（CAAC）于 2010 年受理了C919 型号合格证申请，全面开展适航审查工作。2016 年 4 月，欧洲航空安全局（EASA）受理了 C919 型号合格证申请。

C919 具有"更安全、更经济、更舒适、更环保"等特性，客舱空间与同类竞争机型相比有较大优势，可为航空公司提供更多布局选择，为乘客提供更高的乘坐品质。后续还可在基本型的基础上，研制出加长型、缩短型、增程型、货运型和公务型等系列化产品。目前，C919 大型客机国内外用户数量为 28家，总订单数达到了 815 架。

C919 大型客机是建设创新型国家的标志性工程，具有完全自主知识产权。针对先进的气动布局、结构材料和机载系统，研制人员共规划了 102 项关键技术攻关，包括飞机发动机一体

▲ C919 大型客机首架机总装下线现场

化设计、电传飞控系统控制律设计、主动控制技术等。先进材料首次在国产民机大规模应用，第三代铝锂合金材料、先进复合材料在 C919 机体结构用量分别达到 8.8% 和 12%。C919 大型客机研制实现了数字化设计、试验、制造和管理，数百万零部件和机载系统研制流程高度并行，由全球优势企业协同制造生产。对标国际民机先进制造水平，作为国产大型客机未来的批生产中心，中国商飞公司总装制造中心浦东基地已经建成全机对接装配、水平尾翼装配、中央翼装配、中机身装配和总装移动 5 条先进生产线，采用了自动化制孔、钻铆设备、自动测量调姿对接系统等设备，可实现飞机的自动化装配、集成化测试、信息化集成和精益化管理。

圆满首飞　翱翔蓝天

2017 年 5 月 5 日，C919 大型客机首架机在上海浦东国际机场成功首飞。中共中央、国务院为 C919 大型客机成功首飞发来贺电。

中国上海，2017 年 5 月 5 日下午 15 时 19 分，平日异常繁忙的浦东国际机场此时却屏住呼吸，深情注目并敞开怀抱：一架在后机身涂有象征天空蓝色和大地绿色的客机，轻盈地舒展青春的双翼，稳健地降落在第四跑道上。这是一个历史性的时刻。它标志着萦绕中华民族百年的"大飞机梦"终于取得了历史突破，蓝天上终于有了一款属于中国的完全按照世界先进标准研制的大型客机。它意味着经过近半个世纪的艰难探索，我国具备了研制一款现代干线飞机的核心能力。这是我国航空工业的重大历史性突破，也是我国深入实施创新驱动战略，全面推进供给侧结构性改革取得的重大成果。

当日下午，第一架 C919 大型客机由机长蔡俊、试飞员吴鑫

▲ C919 大型客机圆满首飞

驾驶，搭载着观察员钱进和试飞工程师马菲、张大伟，于14时从浦东国际机场第四跑道腾空而起、冲上云霄。在南通东南3000米高度规定空域内巡航平稳飞行1小时19分，完成预定试飞科目，并于15时19分安全返航着陆。蔡俊报告：飞机空中动作一切正常。C919项目总指挥金壮龙宣布：C919首飞圆满成功！

C919大型客机成功首飞意味着中国实现了民机技术集群式突破，形成了我国大型客机发展核心能力。C919大型客机所采用的新技术、新材料、新工艺更对我国经济和科技发展、基础学科进步及航空工业发展有重要的带动辐射作用。

▲ C919 大型客机首飞机组

自主创新之路

2017 年 12 月 17 日，C919 大型客机 102 架机首飞。C919 大型客机首飞也标志着项目全面进入研发试飞和验证试飞阶段。C919 研制批将共有 6 架试验机投入试飞，全面开展失速、动力、性能、操稳、飞控、结冰、高温高寒等科目试飞。同时有 2 架地面试验飞机分别投入静力试验、疲劳试验等试验工作。

▲ 2017 年 12 月 17 日，C919 大型客机 102 架机首飞

C919 飞机从 2008 年 7 月研制以来，坚持"自主研制、国际合作、国际标准"技术路线，攻克了包括飞机发动机一体化设计、电传飞控系统控制律、主动控制技术、全机精细化有限元模型分析等在内的 100 多项核心技术、关键技术，形成了以中国商飞公司为平台，包括设计研发、总装制造、客户服务、适航取证、供应商管理、市场营销等在内的主制造商基本能力和核心能力，形成了以上海为龙头，陕西、四川、江西、辽宁、江苏等 22 个省市，200 多家企业，20 万人参与的民用飞机产业链，提升了我国航空产业配套能级。推动国外系统供应商与国内企业组建了 16 家合资企业，带动动力、航电、飞控、电

源、燃油、起落架等机载系统产业发展。包括宝武在内的16家材料制造商和54家标准件制造商成为大型客机项目的供应商或潜在供应商。陕西、江苏、湖南、江西等省建立了一批航空产业配套园区。"以中国商飞为核心,联合中航工业,辐射全国,面向全球"的较为完整的具有自主创新能力和自主知识产权的产业链正在形成。

大型客机被称为"现代工业之花"。伴随着 ARJ21 新支线客机投入商业运营两年、C919 大型客机首飞成功进入试飞取证、CR929 远程宽体客机转入初步设计阶段,我国民用飞机正在向市场化、产业化、国际化快速推进。通过 C919 和 ARJ21 新支线客机研制,我国掌握了5大类、20个专业、6000多项民用飞机技术,加快了新材料、现代制造、先进动力等领域关键技术的群体突破,推进了流体力学、固体力学、计算数学等诸多基础学科的发展。以第三代铝锂合金、复合材料为代表的先进材料首次在国产民机大规模应用,总占比达到飞机结构重量的26.2%;推动了起落架300M钢等特种材料制造和工艺体系的建立,促进了钛合金3D打印、蒙皮镜像铣等"绿色"先进加工方法的应用。清华大学、上海交通大学、北京航空航天大学、西北工业大学等国内36所高校参与开展技术攻关和研发,建立了多专业融合、多团队协同、多技术集成的协同科研平台,构建起"以中国商飞为主体,以市场为导向,政产学研用相结合"的民用飞机技术创新体系,初步走出了一条国家重大科技专项创新发展之路。

经过新时期 C919 大型客机和 ARJ21 新支线客机研制,我国锻炼培养了一支信念坚定、甘于奉献、勇于攻关、能打硬仗、具有国际视野的大飞机人才队伍。2008年成立以来,中国商飞公司坚持"依靠人才发展项目,依托项目培养人才",人才数量从组建时的3000多人增加到超过10000人,形成了以吴光辉

▲ C919 大型客机 101 架机

院士为代表的科技领军人才队伍，以 C919 大型客机首飞机长蔡俊为代表的试验试飞人才队伍，以"大国工匠"胡双钱、王伟为代表的技能人才队伍，以李东升、巴里为代表的海外人才队伍；培养了型号总设计师、专业总师、主任设计师 300 余人的核心研发人才，IPT 团队 0 级、1 级、2 级项目经理 400 余人的项目管理人才；拥有了超过 6500 人的科研人才队伍，"千人计划"海外人才 40 人。

十年攻坚克难，这支队伍弘扬"两弹一星"精神、载人航天精神和航空强国精神，发扬劳模精神、工匠精神，坚持"精湛设计、精细制造、精诚服务、精益求精"，在型号研制、项目发展、企业治理、党的建设等各领域全面开展创新创业创造实践，孕育形成了"航空强国、四个长期、永不放弃"的大飞机创业精神，为大飞机圆梦蓝天插上了腾飞的翅膀。

（图文 / 中国商用飞机有限责任公司）

2015 年
C919 大型客机首架机总装下线

2016 年

"中国天眼" FAST
落成启用

2016 年 9 月 25 日，500 米口径球面射电望远镜（FAST）在贵州省平塘县的喀斯特洼坑中落成，开始接收来自宇宙深处的电磁波。FAST作为国之重器，是国家科教领导小组审议确定的国家九大科技基础设施之一。习近平总书记在竣工之日发来贺信："500 米口径球面射电望远镜被誉为'中国天眼'，是具有我国自主知识产权、世界最大单口径、最灵敏的射电望远镜。它的落成启用，对我国在科学前沿实现重大原创突破、加快创新驱动发展具有重要意义。"

"中国天眼" 国之重器

被誉为"中国天眼"的 FAST 于 2016 年 9 月落成启用。它是由中国科学院国家天文台主导建设的、我国拥有自主知识产权的世界最大单口径射电望远镜。如今，它已经聆听到来自遥远宇宙中脉冲星婴儿心跳般的声音。

在建设过程中，以 FAST 工程首席科学家南仁东为首的科研团队逢山开路、遇水搭桥，从立项、选址到开挖，到第一个环梁结构搭建，再到铺上索网，团队从始至终坚持了 22 年，最后建成了这一世界上最大的 500 米单口径射电望远镜。FAST 究竟有

FAST Pulsar#1 J1859-01
自转周期 1.832 秒
距离地球约1.6万光年（色散估计）
发现时间：FAST 2017年8月22日
验证时间：Parkes 2017年9月10日

▲ FAST 观测脉冲星示意图

多大呢? 如果把它看作一口盛满水的锅, 全世界每个人都可以分4瓶水, 够所有人喝一天的。由此也可以想象, 我国科研团队建造它的难度有多大。

FAST 的反射面被形象地称为"天眼"的视网膜。解剖其结构可见 500 米口径的钢梁架在 50 根巨大的钢柱上, 一张 6670 根钢索编织的索网挂在环梁上, 上面铺着 4450 块反射面单元, 下面装有 2225 根下拉索, 固定在地面促动器上。通过这些促动器拽拉下拉索, 就可以控制索网的形状, 一会儿是球面, 一会儿是抛面, 从而进行天文信号的收集和观测。

FAST 作为世界最大的单口径望远镜, 将在未来 20 ~ 30 年保持世界一流地位。FAST 选择独一无二的贵州天然喀斯特洼地台址, 应用主动反射面技术在地面改正球差, 加之轻型索拖动馈源支撑将万吨平台降至几十吨, 这三大自主创新优势, 使其突破了望远镜的百米工程极限, 开创了建造巨型射电望远镜的新模式。

敢为人先　筑造"天眼"

为了给"天眼"找到独一无二的台址, 南仁东无数次往返于北京和贵州之间, 带着 300 多幅卫星遥感图, 用双脚丈量了贵州大山的每个角落。最终他选定贵州天然喀斯特巨型洼地作为望远镜台址, 使得望远镜建设得以突破百米极限。

建设"天眼"是一项前无古人的大工程, 在这段曲折的道路上, 南仁东顶着压力, 风雨兼程。他全面指导 FAST 工程建设, 主持攻克索疲劳、动光缆等一系列技术难题, 为 FAST 工程顺利完成作出卓越贡献。

2017 年 9 月 15 日, 72 岁的南仁东永远地闭上了双眼, 我们在星空的这一端, 而他在星空的那一端。"人是要做一点事情

▲ 南仁东

的"，南仁东"踏踏实实做点事情"的精神会一直激励着 FAST 团队，激励着每个人。

"天眼"调试　让"眼珠"动起来

一般来说，巨型望远镜调试都会涉及天文、测量、控制、电子学、机械、结构等众多学科领域，是一项强交叉学科的应用性研究，因此国际上传统大射电望远镜的调试周期很少短于 4 年。FAST 开创了建造巨型射电望远镜的新模式，其调试工作也更具挑战性。

FAST 有两个主要系统，即反射面系统和馈源支撑系统。反射面系统的主要作用是精准地形成抛物面，这样才可以将天体发出来的平行光尽可能高效地汇聚到焦点上。馈源支撑系统要将接收机控制到焦点的位置，并保证接收机的正确姿态，以最大的效率收集抛物面汇集的电磁波信号。

FAST 巨大的接收面积注定了它有其他望远镜无法比拟的优势，即超高的灵敏度。与此同时，相对于其他望远镜而言，它的系统构成更加复杂。一般望远镜只有俯仰轴和自转轴两套驱动控制系统，而 FAST 仅反射面控制就需要 2200 多台促动器协同动作，并且索网把 2200 多台促动器连在一起，形成

▲ FAST 与传统望远镜的对比

优点：	代价：
超高灵敏度	系统构成复杂
灵活的指向	设备故障影响

了一个复杂的耦合控制系统，可以说是"牵一发动全身"。任何一台促动机出现问题后的维修工作都会影响 FAST 的有效观测时长。

为了提高整个系统对设备故障的容忍度，调试团队研发了一套非常有趣的主动安全评估系统，这个系统可以实时读取促动器的位置信息，并将其输入力学模型，实时地进行力学仿真计算。也就是说，索网怎么动作，计算机的索网模型就怎么动作，从而可以计算出所有索力并进行安全评估。

这是实时力学仿真技术在安全评估领域的首次成功应用。力学仿真相比于传感器可靠得多，它是数学工具，就像 1+1 永远会等于 2，简单可靠，非常适用于 FAST 这个复杂的控制系统。

馈源支撑系统也同样不简单。它的控制主要分两级。

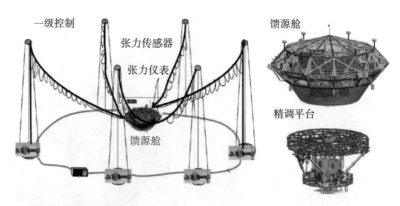

一级控制   张力传感器   张力仪表   馈源舱   馈源舱   精调平台

▲ 馈源支撑控制系统原理图

第一级是通过 6 根几百米的绳子对 30 吨的馈源舱实现的概略控制，要在 140 米高空、200 多米的尺度范围内，把馈源舱定位精度控制在 48 毫米以内。

第二级是通过舱内的 AB 轴（万向轴）和 Stewart 平台实现接收机二级精确定位，对安装在馈源舱内的接收机相位中心进行二次精调，最终需要实现的控制精度要达到 10 毫米以内。同时，如果馈源舱在风、雨等动力载荷下产生晃动，二次精调平台还可以起到消振的作用。

尽管 FAST 做了 3 米、10 米、30 米和 50 米的模型试验，但是动力学试验很难实现完整的相似性。因此，不管调试团队做多少试验，都不能说明 600 米尺度下会不会有问题。

经过调试团队近半年的努力，发展的实时力学仿真技术大幅提升了望远镜对设备故障的容忍度，馈源支撑系统也实现了系统集成，最终于 2017 年 8 月 27 日第一次完成了反射面和馈源支撑的协同动作，首次实现了对特定目标的跟踪观测，并稳定地获取了目标源射电信号。这意味着天眼的"眼珠"可以转动了！

此后，"中国天眼"便可以克服地球的自转，对天体目标源进行跟踪观测。要知道，望远镜的灵敏度不仅与其接收面积有

▲ FAST 俯视图

关，还与望远镜的跟踪时间有关。就像人的眼睛一样，只是扫视一下，我们只能看个大概的轮廓，如果想看清细节，就需要对着目标仔细地端详一段时间。其实，这也是 FAST 最重要的一个功能，只有能跟踪，"天眼"才能充分发挥它的最优性能。南仁东曾说过，不能跟踪就不能叫 FAST，可见他对望远镜跟踪功能的重视和期待！

相比于国际上现有的大型射电望远镜，FAST 是一架非传统的巨型射电望远镜，工作方式更加特殊，其调试工作也没有成熟的经验可供参考，而且系统构成更加复杂、安全风险大。FAST 团队能在短期内实现望远镜的全部功能性调试，完成了最困难、最有风险的调试环节，其进度已经超过国际一般惯例及同行预期。

精抠细节　擦亮"天眼"

　　望远镜的性能不只是其灵敏度、指向精度等硬性指标，还包括可靠性、稳定性等软性指标。简而言之，望远镜系统偶尔能达到最优性能和长期稳定地达到最优性能完全是两个概念，也是完全不同的难度系数。而 FAST 团队的目标是要做一台性能优异、同时又让科学家觉得十分好用的望远镜，这个目标从一开始就没有动摇过。

　　望远镜性能的实现主要是控制精度的实现。FAST 直径 500 米，但要实现毫米级的多目标、大范围、高动态性能

▲ 测量基准站的分布情况

的控制精度，是前所未有的。FAST 精准的控制包含两个方面：一是控制反射面系统形成尽量完美的抛物面；二是控制馈源支撑系统使馈源接收机尽可能接近焦点位置，并保持正确的姿态。

精确的控制离不开精准的测量，反射面系统和馈源支撑系统均以激光全站仪作为测量手段。FAST 反射面内均匀地布设了 24 个测量基准站组成的基准网，第一步要做的，也是最关键的，就是精确测量 24 个基准站的绝对位置信息。

为了消除光路折射的影响，调试团队研发了一套双靶互瞄模式的对向观测技术，较准确地估计折光的影响并进行修正。

为了克服气候、温度、湿度等自然难题，科研团队研发了一套基准网的自动化监测系统，把基准网测量周期由至少半个月缩短至 10 分钟以内，这样就可以克服温度、湿度及基墩变形周期的限制，最终将望远镜测量基准网的精度提升至 1 毫米以内。

随着调试工作的精雕细琢，测量精度的不断提升，望远镜的性能得到明显改善。"天眼"视力越来越好，脉冲星的发现接踵而至。目前，19 波束已经完成安装调试。它可以将望远镜的视场扩大 19 倍，从而大幅地提升望远镜的巡天效率，预期更多的脉冲星发现将由此开始。"天眼"观测时将会获得射电源更精确的定位图像，发现更多的脉冲星，并能观测宇宙中不同距离不同方向的中性氢 1.4 吉赫谱线，以更好地探索宇宙历史，甚至搜寻可能存在的外星文明。

初心不变　未来可期

2018 年 4 月 18 日，通过与美国国家航空航天局的费米伽马射线卫星合作，FAST 首次发现毫秒脉冲星 J0318+0253（周

▲ 多波束（"天眼"的瞳孔）安装现场

期5.19毫秒）并获得国际认证，这是中美科学装置首次在地面和太空、射电与高能波段合作完成的天文学发现，也是FAST继发现脉冲星之后的另一重要成果。截至2018年8月，FAST已发现59颗脉冲星，其中44颗获得国际认证。科研团队在FAST上安装多波束接收机后，未来可做多科学目标同时巡天，即在一次扫描中，同时获取脉冲星、天体谱线、快速射电暴等数据进行分析。这一独创的技术与方法，有助于我们发现更多奇异种类的脉冲星，例如，脉冲星黑洞双星系统，使人类有可能在更加极端的引力条件下，检验爱因斯坦相对论，同时使人类有可能第一次精确测量到黑洞的质量。

"天眼"已成为我国当之无愧的国之重器，未来还将开展巡视宇宙中的中性氢、研究宇宙大尺度物理学、主导国际低频甚长基线干涉测量网、获得天体超精细结构、探测星际分子、搜索可能的星际通信信号等工作。

古人道：行百里者，半于九十。FAST 的目标不只是做一个世界上最大、最灵敏的望远镜，更是要做一个非常好用的望远镜。这是以南仁东为代表的 FAST 科研团队不变的初心。为了实现这个美好的愿景，FAST 还有很长的路要走。

（图文 / 中国科学院国家天文台　姜鹏　黄京一）

2016 年

『中国天眼』FAST 落成启用

2017 年

"复兴号"在京沪高铁实现双向首发

2017 年 6 月 25 日，由中国铁路总公司牵头研制，具有完全自主知识产权，达到世界先进水平的中国标准动车组被命名为"复兴号"。6 月 26 日，两列"复兴号"中国标准动车组率先在京沪高铁正式双向首发。2017 年 9 月 21 日，"复兴号"动车组在京沪高铁实现时速 350 千米商业运营，树立起世界高铁建设运营的新标杆。中国高铁已成为中国一张亮丽的国家名片。

砥砺奋进　中国高铁的探索之路

高速铁路是当代高新技术的集成和铁路现代化的重要标志，反映了一个国家的综合国力。

20世纪90年代，我国铁路部门以改变"经济发展受制于交通瓶颈、群众出行受困于一票难求"为目标，组织开展了高铁基础理论和关键技术研究，实施了对既有铁路的大规模改造。通过对既有线路提速技术及高铁设计建造、动车组、运营管理等基础理论和关键技术的大量研究，我国积累了丰富的高铁自主技术攻关和科研试验经验，培养和储备了一批高铁专业技术人才，为随后高铁快速发展奠定了坚实基础。

2004年1月，国务院常务会议讨论通过了中华人民共和国

▲ 哈大高铁沈阳至大连段通过首场暴风雪考验（杨永乾 摄）

成立后第一个《中长期铁路网规划》。2008 年 10 月，国务院批准《中长期铁路网规划》调整方案，把发展高速铁路作为重要内容，明确提出建设"四纵四横"高速铁路网。2012 年 7 月，国务院印发《"十二五"国家战略性新兴产业发展规划》，高速动车组等高铁关键技术装备纳入国家战略性新兴产业重点发展方向。2015 年 5 月，国务院印发《中国制造 2025》，大力推进先进轨道交通装备突破发展成为国家战略任务要求。2016 年 7 月，国家发展和改革委员会再次印发《中长期铁路网规划》，提出到 2025 年，高速铁路达到 3.8 万千米左右，2030 年将达到 4.5 万千米，在"四纵四横"高速铁路网的基础上，形成"八纵八横"高速铁路网。

2008 年 8 月，中国第一条设计时速 350 千米的北京至天津高速铁路投入运营。2011 年 6 月，全长 1318 千米，世界上运营列车试验速度最高、时速达 486.1 千米的北京至上海高速铁路

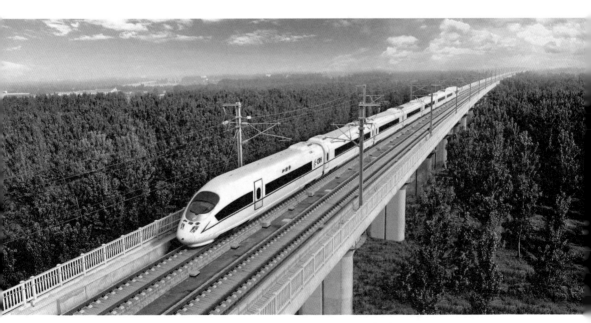

▲ "和谐号"动车组列车飞驰在京津城际铁路的高架桥上（原瑞伦 摄）

▲ 海南东环高铁动车在海南陵水黎族自治县海边飞驰（罗春晓 摄）

投入运营。2012年12月，世界上第一条穿越高寒季节性冻土地区的哈尔滨至大连高速铁路建成运营，世界上运营里程最长、跨越温带亚热带、多种地形地质区域和众多水系的北京至广州高速铁路全线通车。2014年12月，世界上一次建设里程最长，穿越沙漠地带和大风区的兰州至乌鲁木齐高速铁路投入运营。2015年12月，全球第一条环岛高铁，也是迄今为止世界上最南端高铁海南环岛高速铁路开通运营。2016年12月，中国又一条东西向的高铁干线上海至昆明高速铁路全线贯通。2017年12月，首条穿越秦岭山脉的高铁——西安至成都高速铁路全线贯通运营。

引进消化时速200千米动车组，自主提升时速350千米动车组，创新研制CRH380系列动车组，定型制造CR400"复兴号"中国标准动车组，中国高铁列车技术从助跑到加速，完成了惊人的"四级跳"。

不断超越 "复兴号"惊艳亮相

中国铁路具有光荣历史传统。在求解放、搞建设和改革开放的征程中，从"解放"型到"建设"型蒸汽机车，从"东风"型内燃机车到"韶山"型电力机车，再到"和谐号"动车组；从南昆铁路到青藏铁路，再到京沪高铁，铁路人始终传承着"四通八达、安全正点""挑战极限、勇创一流""人民铁路为人民"的铁路精神，铭刻着坚定跟党走的奋斗情怀。

从 2004 年开始，按照党中央、国务院确定的"引进先进技术、联合设计生产、打造中国品牌"的总体要求，原铁道部整合国内各方资源，集中国内优势力量，引入外国技术平台，消化吸收

▲ 退役的"前进"型蒸汽机车

再创新，使我国的高速动车组研发设计、制造工艺、调试试验等技术获得迅速提升，打造出"和谐号"动车组品牌。

在决胜全面建成小康社会、实现中华民族伟大复兴中国梦的重要历史节点，将中国标准动车组命名为"复兴号"，真实记载了中国高铁技术装备走向世界先进行列的发展历程，充分展示了中国铁路服务经济社会发展、创造人民生活新时空的美好愿景，深情寄托着中国铁路人对中华民族伟大复兴的追求和期盼。

"复兴号"动车组的设计研制，遵循了安全可靠、简统化、系列化、经济性、节能环保等原则，在方便运用、环保、节能、降低全寿命周期成本、进一步提高安全冗余等方面加大了创新

2017年

「复兴号」在京沪高铁实现双向首发

▲ "复兴号"内部设施（陈涛 摄）

力度。研制期间，先后完成总体技术条件制定、方案设计、整车型式试验、科学实验、空载运行、模拟载荷试验等工作，在大西线开展了型式试验，在郑徐线开展了高速交会试验，在哈大、京广高铁进行了载客运行，各项考核指标全部符合标准规范和运用要求，安全性、舒适性及各项性能指标以及运用适应性、稳定性、可靠性、制造质量均达到设计要求，整车性能指标实现较大提升，设计寿命由 20 年提高到 30 年。2017 年 1 月 3 日，"复兴号"取得国家颁发的型号合格证和制造许可证。

安全可靠 "复兴号"中国标准动车组设有智能化感知系统，并建有强大的安全监测系统，全车部署了 2500 多项监测点，能够对走行部状态、轴承温度、冷却系统温度、制动系统状态、客室环境进行全方位实时监测。"复兴号"中国标准动车组还增设碰撞吸能装置，以提高动车组被动防护能力。为适应中国地域广阔、环境复杂、长距离、高强度运行的需求，"复兴号"中国标准动车组按最高等级考核动车组主要结构部件，整车进行 60 万千米运用考核。

体验舒适 "复兴号"中国标准动车组车厢内实现了 WiFi 网络全覆盖，设置不间断的旅客用 220 伏电源插座；空调系统充分考虑减小车外压力波的影响，通过隧道或交会时减小耳部不适感；列车设有多种照明控制模式，可根据旅客需求提供不同的光线环境。"复兴号"中国标准动车组还采取了多种减振降噪措施，改进了洗漱设施，设置了无障碍设施等，能够为旅客提供更良好的乘坐体验。

更加智能 "复兴号"中国标准动车组采集各种车辆状态信息多达 1500 多项，能够全面监测列车运行状况，实时感知列车状态，包括安全性能、环境信息（如温度）等，并记录各部件运用工况，为全方位、多维度故障诊断、维修提供支持。列车出现异常时，可自动报警或预警，并能根据安全策略自动采取限速或停车措施。此外，"复兴号"中国标准动车组还采用远程数据传输，可在地面实时获取车辆状态信息，提升地面同步监测、远程维护能力。

绿色环保 "复兴号"中国标准动车组列车阻力比既有 CRH380 系列降低 7.5% ~ 12.3%，350 千米 / 时速度级人均百千米能耗下降 17% 左右，有效减少了持续运行的能量消耗。在车体断面增加、空间增大的情况下，"复兴号"中国标准动车组按时速 350 千米试验运行时，列车运行阻力、人均百千米能耗和车内噪声明显下降，表现出良好的节能环保性能。

自强自立　制定中国标准

2012 年，中国铁路总公司党组认真贯彻落实党中央、国务院《中国制造 2025》重要部署和创新驱动发展战略,坚定不移推进铁路技术装备自主化、现代化建设。

正是有了高屋建瓴的顶层设计,抓铁有痕的基础工作,科学完备的高铁理论体系和清晰的技术路线,才有了如今的高铁成就。今天的高铁技术标准,依托于秦沈客专、京津城际等线路的高速试验。没有最初的探索,就没有后来的武广、郑西、京沪等高铁的设计依据,更不会有今天的《高速铁路设计规范》。

中国标准动车组的研制坚持"以我为主",大量采用中国国家标准、铁道行业标准、铁路总公司企业标准,以及专门为新型标准化动车组制定的一批技术标准,在涉及的 254 项重要标准中,中国标准占 84%。"复兴号"中国标准动车组构建了体系完整、结构合理、先进科学的高速动车组技术标准体系,标志着我国高速动车组技术全面实现自主化、标准化和系列化,极大增强了我国高铁的国际话语权和核心竞争力。

不仅是高铁列车,我国在高速铁路工程领域也取得了一系列自主创新成果,研制了多种型号无砟轨道,建成了一批具有世界领先水平的典型线路及超大跨度桥梁和复杂艰险隧道,拥有世界上最全面的桥梁设计建造技术,高铁建造技术和实力处于世界领先水平。京沪高速铁路 2015 年荣获国家科学技术进步奖特等奖,南京大胜关长江大桥、武汉天兴洲大桥均荣获国际桥梁大会乔治·理查德森大奖。

目前,我国铁路有国家标准 182 项、行业技术标准 1036 项、中国铁路总公司技术标准和标准性技术文件 1582 项,另有大量存在于各个企业的企业标准。其中,我国自主制定的标准占 80% 左右,采用和借鉴的国际国外标准占 20% 左右;高速铁路领域自主制定的标准占 2/3 左右。中国主持和参与了 46 项 ISO、UIC 国际标准制定修订工作,中国高铁标准正逐步成为国际标准。

中国高铁　闪耀世界的国家名片

如果说，"神舟"飞天创造了"中国高度"，"蛟龙"潜海成就了"中国深度"，那么，"复兴号"中国标准动车组就刷新了"中国速度"。中国已经登上了世界高铁发展集大成者的最高舞台，成为高速铁路发展最快、系统技术最全、集成能力最强、运营里程最长、旅行速度最高、在建规模最大的国家。截至 2017 年，中国高铁运输旅客累计超过 70 亿人次，每天开行动车组列车 5200 多列。根据 2005 年以来国际铁路联盟（UIC）对世界各国铁路安全情况的统计，我国每十亿人千米的平均事故率远远低于英国、德国、西班牙、日本等铁路发达国家，为世界铁路最安全的国家。

"复兴号"CR400 系列动车组的成功研制和投入运用，对于我国全面系统掌握高铁核心技术、加快高铁"走出去"具有重要战略意义。我们将以"复兴号"中国标准动车组为平台，根据世界上其他国家的实际需求，量身打造，设计研制具有国际竞争力的动车组成套技术和产品，积极拓展国际市场，推动中国高铁"走出去"。

2017 年，印尼雅万高铁、中老铁路、巴基斯坦拉合尔橙线轻轨工程等项目务实推进，匈塞铁路塞尔维亚境内段、中泰铁路合作项目一期工程开工建设，成功举办第 23 次铁盟亚太区全体大会、2017 中国－阿拉伯国家博览会高铁分会、第十四届中国国际现代化铁路技术装备展，我国高铁的国际影响力明显提升。自中欧班列首发至今，开行数量逐年上升，截至目前已累计开行超过 8300 列，国内开行线路达 61 条，国内开行中欧班列的城市增加到 43 个，到达欧洲 13 个国家 41 个城市。中欧班列成为"一带一路"建设标志性成果，"中国力量"正续写着古老亚欧大陆的新辉煌。

中国铁路以兼容性好的标准体系、通用性强的建造技术、适用性广的装备制造技术、系统性优的运营管理技术，建成并运营了 2.5 万千米高铁网络，打造出技术先进、安全可靠、性价比高的"中国高铁"品牌和高速、安全、正点、便捷、舒适的"中国高铁"形象。如今，中国铁路已经与 40 余个国家和地区合作开展铁路规划、设计和建造，技术装备输出遍布全球 100 多个国家和地区。

坚定不移　中国高铁始终在高速前行

高速铁路技术领域，作为当代高新技术的集成，是世界各国科学技术和制造产业创新能力、综合国力以及国家现代化程度的集中体现。我国已经形成了高速铁路完备先进的技术体系，以中国标准动车组为代表的高速动车组技术，以及工程建造、列车控制、牵引供电、运营管理、风险防控、系统集成等各个技术领域，均达到世界先进水平。

目前，中国铁路总公司把"复兴号"作为我国高铁动车组的主力车型，在扩大时速 350 千米"复兴号"规模的同时，组织生产时速 250 千米、时速 160 千米等多种型号的"复兴号"动车组，满足不同速度等级高铁干线、城际铁路的运行需求，为人民群众出行提供更多的选择。我国正在组织研制智能型"复兴号"，面向国内主机厂和社会公众公开征集京张高铁智能型"复兴号"整体设计和外观、内饰、服务功能方案，通过集合并运用现代最新技术，打造中国智能高速动车组，持续巩固我国高铁"领跑"地位。

到 2020 年，全国高铁网连接的主要城市将实现"复兴号"全覆盖，"复兴号"动车组列车开行对数 1100 对以上，占动车

▲ 从北京开往天津的 C2001 次"复兴号"中国标准动车组驶入天津市区（杨宝森 摄）

组列车总对数的比例达到 30%。"复兴号"将成为中国高铁的标志性品牌，"交通强国、铁路先行"的示范性工程，进而支撑和引领"三个世界领先、三个进一步提升"铁路现代化目标全面实现，为世界高铁建设运营树立新标杆。

　　未来，我国铁路将更加注重安全、经济、智能、舒适、绿色，通过研究应用新技术、新材料，提升铁路技术装备安全性、适用性、可靠性；通过研究应用信息新技术，不断提高铁路的智能化服务水平，进一步提升旅客体验和客户满意度；通过研究应用大数据技术，提高铁路安全生产防控能力和决策科学化水平，推动铁路经营管理和养护维修水平持续提升。

　　　　　　　　（文／铁总轩　图／《人民铁道》报社）

2017 年

「复兴号」在京沪高铁实现双向首发

图书在版编目（CIP）数据

改革开放 40 年科技成就撷英 /《改革开放 40 年科技成就撷英》编写组编 . —北京：中国科学技术出版社，2018.11

ISBN 978-7-5046-8161-4

Ⅰ. ①改… Ⅱ. ①改… Ⅲ. ①科技成果—汇编—中国—现代 Ⅳ. ① N12

中国版本图书馆 CIP 数据核字（2018）第 234715 号

策划编辑	郑洪炜 李 洁
责任编辑	刘 今
装帧设计	中文天地
责任校对	凌红霞
责任印制	马宇晨

出　　版	中国科学技术出版社
发　　行	中国科学技术出版社发行部
地　　址	北京市海淀区中关村南大街16号
邮　　编	100081
发行电话	010-62173865
传　　真	010-62179148
网　　址	http://www.cspbooks.com.cn

开　　本	787mm×1092mm　1/16
字　　数	480千字
印　　张	28
版　　次	2018年11月第1版
印　　次	2018年11月第1次印刷
印　　刷	北京盛通印刷股份有限公司
书　　号	ISBN 978-7-5046-8161-4 / N · 252
定　　价	168.00元